碳纳米管诱导中空结构
金属氧化物的构建研究

曹小漫 著

本书数字资源

北　京
冶金工业出版社
2023

内 容 提 要

本书内容包括微/纳米中空材料合成方法的概述，超级电容器的概述，以及微/纳米中空材料在超级电容器中的应用，重点介绍了碳纳米管诱导中空金属氧化物的制备及其电化学行为研究。本书阐述了在功能化多壁碳纳米管（MWCNTs）的诱导下，成功制备三种中空球金属氧化物及金属氢氧化物/多壁碳纳米管复合材料，并开发了一种利用碳材料诱导中空结构形成的导电中空金属氧化物及金属氢氧化物复合物制备的普适方法，可以为设计和生产一些具有复杂结构和优异性能的理想材料提供参考。

本书可供新能源材料及储能行业等领域的科研人员和工程技术人员阅读，也可供高等院校相关专业的师生参考。

图书在版编目（CIP）数据

碳纳米管诱导中空结构金属氧化物的构建研究/曹小漫著. —北京：冶金工业出版社，2023.8

ISBN 978-7-5024-9555-8

Ⅰ.①碳… Ⅱ.①曹… Ⅲ.①碳—纳米材料—应用—金属—氧化物—研究 Ⅳ.①TB383

中国国家版本馆 CIP 数据核字（2023）第 119608 号

碳纳米管诱导中空结构金属氧化物的构建研究

出版发行	冶金工业出版社		电　　话	（010）64027926
地　　址	北京市东城区嵩祝院北巷39号		邮　　编	100009
网　　址	www.mip1953.com		电子信箱	service@ mip1953.com

责任编辑　于昕蕾　　美术编辑　彭子赫　　版式设计　郑小利
责任校对　梅雨晴　　责任印制　禹　蕊

北京印刷集团有限责任公司印刷
2023 年 8 月第 1 版，2023 年 8 月第 1 次印刷
710mm×1000mm　1/16；8 印张；156 千字；121 页
定价 54.00 元

投稿电话　（010）64027932　投稿信箱　tougao@cnmip.com.cn
营销中心电话　（010）64044283
冶金工业出版社天猫旗舰店　yjgycbs.tmall.com
（本书如有印装质量问题，本社营销中心负责退换）

前　言

中空微/纳米结构材料因其特殊的结构优势而具有优异的物理和化学特性，在混合超级电容器（HSCs）、锂离子电池（LIBs）、析氢/析氧电催化（HER/OER）等电化学能源相关应用领域具有一定的应用前景。经典的中空结构材料合成通常涉及硬模板和软模板的利用，然而，模板法通常会遇到合成过程耗时、复杂等许多难以克服的障碍。因此，在实际应用中，不使用模板直接合成中空结构材料是首选。根据不同机理，多种无模板方法已得到发展，如奥斯特瓦尔德熟化、柯肯达尔效应、表面保护腐蚀法、电化学置换法等。然而，无模板方法的每一种机制都只适用于特定的体系，且无规律性。另外，大多数金属氧化物及氢氧化物的不良导电性仍然是发挥其中空微/纳米结构性能不可避免的挑战，尤其是作为电极材料时。

考虑到这些局限性，本书作者研究了在功能化多壁碳纳米管（MWCNTs）的诱导下，成功制备三种中空球金属氧化物及金属氢氧化物/多壁碳纳米管复合材料，并开发了一种利用碳材料诱导中空结构形成的导电中空金属氧化物及金属氢氧化物复合物制备的普适方法。还研究了三种复合材料电极的电化学行为。最后，采用上述中空结构金属氧化物及氢氧化物/多壁碳纳米管复合材料作为电极组装成不对称超级电容器。本书分为5章，第1章对微/纳米中空材料合成方法、超级电容器、微/纳米中空材料在超级电容器中的应用进行概述。第2章介绍了碳纳米管诱导中空氧化铈的制备及其电化学行为。第3章介绍了高性能正极材料 HHM-(β)Ni(OH)$_2$/MWCNTs 的制备及其电化学行为。第4章介绍了高性能负极材料 HS-Fe$_3$O$_4$/MWCNTs 的制备及其电化学行为。第5章总结了制备高性能电极材料的普适方法，为阐明无模板法中空结构形成机理提供了新的线索。采用本书方法所制备的 MWCNTs

基金属氧化物中空纳米复合材料具有高容量和良好的循环稳定性，将为开发超级电容器等能源存储系统使用的先进电极材料开辟一条新途径。

由于作者水平所限，书中不妥之处，敬请读者批评指正。

曹小漫

2023 年 4 月

目 录

1 绪论 ·· 1
  1.1 引言 ··· 1
  1.2 微/纳米中空材料合成方法的概述 ··· 2
    1.2.1 硬模板法 ·· 2
    1.2.2 软模板法 ·· 5
    1.2.3 无模板法 ·· 6
  1.3 超级电容器的概述 ·· 14
  1.4 微/纳米中空材料在超级电容器中的应用 ·· 16
  1.5 本书的主要研究内容及创新点 ··· 17

2 碳纳米管诱导中空氧化铈的制备及其电化学行为 ······································ 19
  2.1 引言 ·· 19
  2.2 实验部分 ··· 20
    2.2.1 实验原料 ··· 20
    2.2.2 实验仪器 ··· 21
    2.2.3 样品的制备 ··· 21
    2.2.4 样品的特征 ··· 22
    2.2.5 电化学特征 ··· 23
    2.2.6 不对称电容器的组装 ··· 23
  2.3 结果与讨论 ··· 24
    2.3.1 材料特征 ··· 24
    2.3.2 形成机制 ··· 31
    2.3.3 电化学行为 ··· 39
    2.3.4 不对称电容器组装以及性能测试 ··· 48
  2.4 结论 ·· 52

3 高性能正极材料 HHM-(β)Ni(OH)$_2$/MWCNTs 的制备及其电化学行为 ···· 54
  3.1 引言 ·· 54

3.2 实验部分 ·· 55
  3.2.1 实验原料 ·· 55
  3.2.2 实验仪器 ·· 56
  3.2.3 样品的制备 ··· 56
  3.2.4 样品的特征 ··· 57
  3.2.5 电化学特征 ··· 57
  3.2.6 不对称电容器的组装 ··· 58
3.3 结果与讨论 ·· 58
  3.3.1 材料特征 ·· 59
  3.3.2 形成机制 ·· 65
  3.3.3 电化学行为 ··· 68
  3.3.4 不对称电容器的组装以及性能测试 ····································· 74
3.4 结论 ·· 79

4 高性能负极材料 HS-Fe_3O_4/MWCNTs 的制备及其电化学行为 ········· 80

4.1 引言 ·· 80
4.2 实验部分 ·· 81
  4.2.1 实验原料 ·· 81
  4.2.2 实验仪器 ·· 82
  4.2.3 样品的制备 ··· 83
  4.2.4 样品的特征 ··· 83
  4.2.5 电化学特征 ··· 84
  4.2.6 不对称电容器的组装 ··· 84
4.3 结果与讨论 ·· 85
  4.3.1 材料特征 ·· 85
  4.3.2 形成机制 ·· 91
  4.3.3 电化学行为 ··· 92
  4.3.4 不对称电容器的组装以及性能测试 ····································· 99
4.4 结论 ·· 104

5 总结 ·· 106

参考文献 ·· 108

1 绪　　论

1.1 引　　言

微/纳米中空材料是指一类特殊的功能材料,根据其形貌而命名。在英文中,"hollow"一词用作形容词时,意思是"内部有洞或空的地方"。根据定义,具有内部空间或空洞,其尺寸在纳米或微米范围内的结构构型的都可以被归类为"中空材料"。此外,微/纳米中空材料的概念同时可以扩展到一些微观和纳米结构的材料,这些材料不具备界限分明的内部空间,但在其性质上仍然具有很多孔洞或空隙,如类似海绵状的低密度材料。近些年来,微/纳米中空材料作为新型的功能材料使其在能源存储、微纳反应器、光学、磁性、催化、生物医学、环境治理等诸多领域得到了广泛的应用,其特殊的结构和高度可调控的组分带来了许多优势[1-12]。

受到分子碳-巴克敏斯特富勒烯发现的启发,在过去的二十年中,微/纳米中空材料的合成和功能化取得了显著进展[13]。在微/纳米中空材料发展的初期,其合成的主要方法是采用模板介导,一类是使用如二氧化硅或聚苯乙烯球的硬模板,另一类是使用如微乳液、胶束、囊泡,甚至气泡的软模板。有趣的是,在2004年,众所周知的物理和化学现象被应用到中空材料的合成中[14-20],报道了两种不同的无模板制备中空材料策略:(1)奥斯特瓦尔德熟化,主要依赖于在多晶聚集时微晶大小的变化,这是因为为了降低系统整体的吉布斯自由能,较小的晶体会溶解并重新沉积到尺寸较大的晶体上,从而在材料的某些位置留下空间[21]。(2)柯肯达尔效应,利用在核壳结构中材料扩散速率的差异。当从核层到壳层的向外扩散快过从壳层到核层的向内扩散时,在材料的内部区域会留下小空隙,这些空隙会进一步聚集成更大的中心空间[22]。此外,通过表面保护蚀刻法和电化学置换法的方法构建微/纳米中空材料,也受到科研工作者的广泛关注[23-26]。

在能源存储与转换的特定领域,微/纳米中空材料发挥着越来越重要的作用。更重要的是,它们有望打破目前在超级电容器、二次电池、燃料电池、染料敏化太阳能电池和光催化方面的一些瓶颈[27]。例如,如在外壳上形成纳米孔道,中空结构可以为超级电容器的电荷存储提供一个高比表面积,也可以为锂空气($Li-O_2$)电池和燃料电池提供更容易接触的活性位点。微/纳米中空结构的空腔可以有效地缓解高容量锂离子电池（LIB）阳极材料体积变化，如过渡金属氧化物（transito-metal oxides，TMOs）、锡、硅等的体积变化，提高循环稳定性。在锂硫（LiS）电池中，这种独特的中空结构能够储存大量的硫，在循环过程中能够缓解 S 的体积变化，通过物理约束或化学相互作用，避免放电过程中产物的溶解。在染料敏化太阳能电池和光催化中微/纳米中空结构具有独特的优势，能够实现多种光的反射和散射，从而提高采光能力，进而提高功率转换效率或光催化活性。

在本章中就微/纳米中空结构的合成方法及其在超级电容器方面的应用进行了详细的概述。

1.2 微/纳米中空材料合成方法的概述

微/纳米中空材料因其在结构上的独特优势，在能源存储、催化、药物传递以及微纳反应器等领域具有广泛的应用价值。由于其诸多特点，使得广大研究人员致力于微/纳米中空材料的合理设计与制备。通常将微/纳米中空材料合成方法分为三大类：（1）硬模板合成法；（2）软模板合成法；（3）无模板合成法。

1.2.1 硬模板法

采用硬模板法合成微/纳米中空结构材料是非常直观的。简而言之，对于一个典型的硬模板法合成中空结构过程，通常包括三个独立的步骤：模板的制备，模板上目标材料的生成和沉积，模板的去除和壳体的形成（详细机制见图 1-1）。在这种情况下，目标材料遵循模板引导生长成具有互补形态的中空结构。显然，关键的因素是选择合适的尺寸、理想的形状和适当的表面性能（如果有必要的话，用官能团对其进行修饰）的模板材，以避免涂层过程中的聚集或蚀刻，并抵抗模板去除过程中的张力。为了能在模板表面成功涂覆所需材料层，通常需要对模板的表面进行改性，改变模板表面的功能，如表面电荷和极性等功能。很多方法，比如溶胶-凝胶法或水热反应，可用于沉积外壳材料在模板的表面。硬模板的选择性去除可以通过化学蚀刻、热处理或煅烧来实现，也可以通过溶解在特定溶剂中来实现。模板去除方法的选择主要取决于硬模板的组成。在某些情况下，需要通过还原或煅烧等后处理来改善所得到的壳层的某些性能。硬模板通常是相对刚性的形状材料，如二氧化硅球、碳质微球、碳纳米管（CNTs）、聚苯乙烯（PS）球，甚至金属氧化物颗粒。这些合成策略原理相同，处理步骤相似。

关于中空纳米结构制备的第一个报道是在 1998 年，当时 Caruso 和同事通过二氧化硅纳米颗粒和多层聚合物静电层层自组装技术在聚苯乙烯乳胶粒模板上制备了中空无机二氧化硅和无机聚合物杂化球体[14]。

1.2 微/纳米中空材料合成方法的概述

图 1-1 硬模板合成微/纳米中空材料过程示意图

Choi 等人制备 core-in-shell（或 yolk-shell 结构）和中空粒子，然后通过控制核溶解法缓慢移除三聚氰胺甲醛（MF）[28]。如图 1-2 所示，首先采用溶胶 – 凝胶法，在 MF 粒子表面涂上一层硅形成 MF@SiO$_2$ 核 – 壳纳米结构，然后沉浸在氨溶液。在接触到氨水后，MF@SiO$_2$ 核 – 壳纳米结构中的 MF 颗粒逐渐溶解。由于溶解过程非常缓慢，因此可以通过控制沉浸时间来精确调节 MF 核的尺寸。当核 – 壳纳米结构在氨水溶液中沉浸 9h，可以得到全中空二氧化硅壳。这种方法可以扩展制备空心 α-FeOOH 和 MF@α-FeOOH 结构。

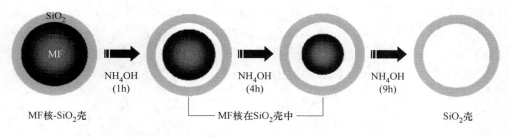

图 1-2 可控核尺寸的 MF@SiO$_2$ 核 – 壳颗粒形成过程示意图

Tu 等报道了采用微波辐射技术，以聚甲基丙烯酸甲酯微球为模板，采用逐层组装技术，成功地制备了由分子尺度交替二氧化钛纳米片和石墨烯纳米片组成的中空球，在去除模板的同时将氧化石墨烯还原为石墨烯[29]。如图 1-3 所示，首先用带正电荷的聚乙烯亚胺（PEI）、带负电荷的 Ti$_{0.91}$O$_2$ 纳米片、另一层 PEI 对 PMMA 微球进行改性，然后用带负电荷的氧化石墨烯（GO）悬浮液对 PMMA 微球进行改性。这个过程重复了几次，以确保二氧化钛和石墨烯有足够的负载。在氩气（Ar）气氛中，在炭粉在微波辐照后，氧化石墨烯还原为石墨烯。去除 PEI 部分，PMMA 微球作为牺牲模板分解为废气。最后用四氢呋喃去除残留的少量 PMMA。

当胶态二氧化硅颗粒作为硬模板时，还可以获得与模板成分相同的中空壳体。重点是内部硅核的选择性蚀刻和保持外部硅壳的选择性蚀刻，这主要是由

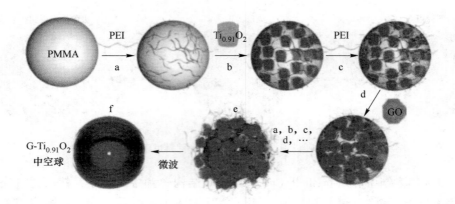

图 1-3 制备由二氧化钛纳米片和氧化石墨烯纳米片组成的
层层自组装多层包覆球体的工艺示意图

于两部分对化学蚀刻的稳定性不同。例如,Shi 和同事报道了通过基于结构差异的选择性蚀刻策略制备中空/rattle 型介孔纳米结构[30]。采用正十八烷基三甲氧基硅烷(C_{18}TMS)与 TEOS 共缩合法制备了固体二氧化硅核/介孔二氧化硅壳纳米球(sSiO$_2$@mSiO$_2$)。然后可以用两种不同的方法形成中空/rattle 型介孔二氧化硅壳,如图 1-4 所示。路线 A 是在去除表面活性剂之前,在 Na$_2$CO$_3$ 溶液中处理 sSiO$_2$@mSiO$_2$ 样品。内部的中空形成在 Na$_2$CO$_3$ 溶液溶解的过程中,包括在二氧化硅核内产生小孔隙,随后由于小孔隙的坍塌而导致孔隙的生长,从而

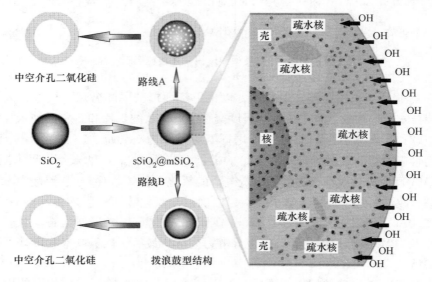

图 1-4 中空/rattle 型介孔二氧化硅球的形成
示意图(左)和微观结构示意图(右)

减小表面积。路线 B 为氨溶液水热处理。在热水或低浓度氨溶液中处理时，固体核与介孔壳体之间会产生间隙。在高浓度氨溶液中延长处理时间，最终会形成完全中空的内部结构。固相二氧化硅和介孔二氧化硅（去除表面活性剂之前）在蚀刻过程中的行为不同，是由于介孔二氧化硅层中 Si—O—Si 网络的缩合程度相对较高。

但是，硬模板法却存在着难以克服的缺点，除了首先需要制备模板、严重耗时和烦琐的制备流程以外，同时还需要兼顾防止在移除模板的过程中外壳层的破碎和坍塌。这些缺点严重限制了硬模板法的应用。

1.2.2 软模板法

与硬模板法相比，软模板法是指通过将前驱体分子/纳米粒子组装在软材料上直接形成中空结构[31]。可选择作为软模板的材料有很多，如生物分子、有机高分子、表面活性剂等，它们可以形成超分子团聚体作为柔性模板，直接形成中空结构。通过分子间力和空间约束，可以控制中空材料的组成、结构、形貌、尺寸、取向和分布，特别是内外表面性质。与硬模板相比，软模板通常可以在温和得多的条件下去除（例如用适当的溶剂清洗），以更好地保存产品的形貌和组成。

通常，前驱体要么包含在单独的液滴中，要么分散在连续的溶液中，纳米级粒子的组装和沉积发生在不同相的界面上（即油/水界面、气/液界面、胶束或囊泡/溶液界面）。因此，基于不同的模板及其界面，软模板合成策略包括以下几种方法：（1）乳液模板法；（2）囊泡/胶束模板法；（3）气泡模板法；（4）电喷雾/纺丝法。

在乳液中，一种液体的液滴在另一种液相中精细分散，在表面活性剂分子的帮助下形成，这种液体-液体界面可以作为形成中空结构的软模板。胶束和囊泡被定义为极性溶剂（如水或醇）中两亲性表面活性剂的聚集。由此产生的表面活性剂液体界面起着软模板的作用。胶束通常为单层球形，亲水性面朝外，囊泡通常为中空球体，由双层或多层双层组成，仅亲水性面朝外。气泡的作用类似于乳液，其中气泡分散在液体中，气液界面作为沉积材料的模板。

加上 Pickering 效应，软模板通常可以作为在溶解时形成或预形成的实体块聚合的支撑结构。近年来，该方法也被扩展到将 Fe-soc-MOF 构建成球形胶体，在吐温-85 与水组成的乳液体系中的有机水界面合成并组装 Fe-soc-MOF 单晶构建单元（图 1-5）。要注意的是，在这项工作中，作为合成的立方 MOF 晶体本身也可以作为乳液形成的稳定剂[32]。

除了传统的软模板外，Zeng 团队进一步证明，在常见共溶剂体系中发现的溶液不均匀性也可以作为中空结构合成的模板。特别地，利用水和 2-丙醇溶剂混合物中的微观不均一性，合成了肠形或球形锐钛矿 TiO_2[33]。

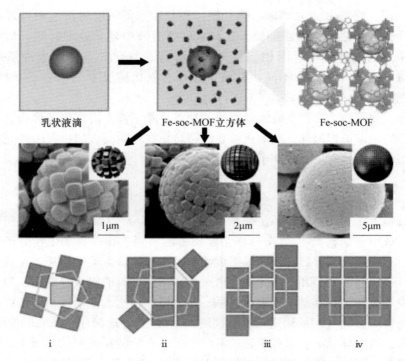

图1-5 利用软模板法合成并将Fe-soc-MOF立方体整合到中空胶体中的示意图

1.2.3 无模板法

在不使用结构导向模板的情况下直接合成中空结构材料在实际生产生活中是首要选择,因为这种方式极大地降低了生产成本,并且易于普及。目前,基于不同机理,开发了许多种用于合成中空结构的无模板方法,奥斯特瓦尔德熟化、柯肯达尔效应、表面保护蚀刻法和电化学置换法是目前公认的几种无模板法合成不同形态中空结构的方法[34]。

1.2.3.1 奥斯特瓦尔德熟化

奥斯特瓦尔德熟化是晶体生长中的一个著名现象,它描述了随着时间的推移,一个非均匀结构的演变,即较小的晶体或溶胶粒子溶解,并重新沉积到较大的晶体或溶胶粒子上。在1896年,这种现象以威廉·奥斯特瓦尔德教授的名字命名[34]。这种现象是热力学控制的,因为大颗粒比小颗粒更受能量青睐[35]。因此,小颗粒似乎比大颗粒具有更高的溶解度。尽管早有争议,但将这种现象应用于微纳米级中空材料的合成,直到100多年后才得以实现。十多年前,Yang和Zeng首次报道了采用奥斯特瓦尔德熟化机制作为无模板法的路线,在水热条件下通过简单的一锅法制备中空二氧化钛(图1-6)[21]。首先,在水溶液中TiF_4的

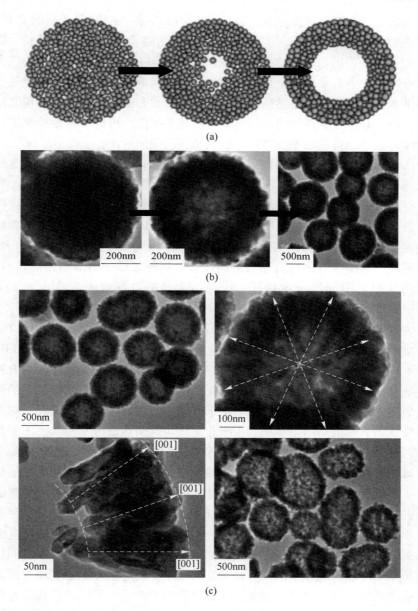

图1-6 TiO₂中空球熟化过程示意图（a），TEM图像显示TiO₂纳米球在反应2h、20h和50h后的演变过程（b）和TiO₂空心球与HF溶液反应前后TEM图像（c）

水解首先导致固体二氧化钛微球的形成，这是由微小的锐钛矿二氧化钛晶体组成的。一般认为，由于内部微晶是在成核和生长的早期形成的，所以位于中心部位的微晶要比位于外部的小或密度小。根据奥斯特瓦尔德熟化理论，中心部分的小晶体易于溶解并在外部重新沉积，从而产生内部空腔。随时间变化的实验表明，TiO_2 球在较短的反应时间 2h 时内部为实心，而随着反应时间的延长（20h 和 50h），由于中心晶的析出，球的内部空间变大。除了在壳层中观察到的较大的晶体尺寸外，由于中心晶体沿垂直于壳层表面的方向溶解，最终的晶体呈现出排列整齐的纳米棒状结构。由于奥斯特瓦尔德熟化的动态过程，纳米棒结构之间有许多通道。由于是溶液相连续的过程，奥斯特瓦尔德熟化可以简单地控制中空化程度和壳厚，生产出可调的中空材料，以满足其潜在的应用。

Archer 和同事在迟些时间的工作中提出了由内向外的奥斯特瓦尔德熟化机理，采用在乙醇-水混合溶剂中水热处理锡酸钾，合成了中空 SnO_2 纳米结构[36]。在水热反应的初始阶段，锡酸盐水解形成非晶态固体纳米球。球体内部的纳米晶颗粒比外层的纳米晶颗粒团聚得更松散，因此导致内部纳米晶颗粒具有更高的表面能，相比于外部纳米晶颗粒更容易溶解。除此之外，由于外部 SnO_2 纳米晶颗粒与周围含丰富金属源的溶剂接触，其外表层的纳米晶相对容易结晶。随着水热反应时间的进一步延长，内部纳米晶的自发消失，因此最终会产生 SnO_2 中空纳米结构。

Mann 和他的同事提出了一个基于奥斯特瓦尔德熟化过程的无模板方法，称为化学诱导自转化，用于制备中空结构材料，如 $CaCO_3$、$SrWO_4$、TiO_2 和 SnO_2 中空球[37]、CuO/Cu_2O 复合中空球[38]和 WO_3 芯壳球[39]。他们提出了聚合物介导和氟化物介导的自转化方法来合成中空无机微球。最初形成的胶体粒子的聚集经历了自转变，当过度饱和在周围溶液中下降时，随着反应时间的延长，球体外层首先转变成不容易溶解的结晶相。由于非晶核与周围溶液的平衡状态不平衡，因此有非晶核极易溶解和扩散。在这项工作中，"局部奥斯特瓦尔德熟化"主要用来描述球体内部的优先溶解。因此，当溶液过饱和增加并超过结晶外层的溶解度时，产生二次自转变和溶解的现象。当球体中非晶核逐渐耗尽，形成完整的中空球时，晶壳的厚度增加。此外，在氟离子水解/缩合速率相对较低的条件下，可以制备出中空二氧化钛和二氧化硅颗粒，提高了原生非晶颗粒的表面反应活性。

从概念上讲，可以推测随着奥斯特瓦尔德熟化现象的产生，空隙空间将在某个地方形成，这样初级粒子的尺寸就会变得更小，同时密度也会变小。因此，通过对主要团聚体内部大小和密度变化的有意调整的设计，采用对称和非对称的奥斯特瓦尔德熟化得到具有复杂中空结构的材料，如卵黄壳、多壳或篮状结构材料[40]。例如，笼钟或所谓的卵黄壳 CeO_2-C 中空结构是通过控制奥斯特瓦尔德熟化来合成的，通过仔细调整甘油水比来调解 Ce^{3+} 的水解速率。然后采用煅烧的方法去除碳，得到纯笼-钟形态的中空结构 CeO_2[41]。

此外，金属-有机骨架（MOFs）和共价有机骨架（COFs）的中空结构，由于具有高孔隙率和结晶性，使其在能源相关领域有着广阔的应用前景，受到研究人员越来越多的关注[42]。比如，Zhang等人采用溶剂热法合成了MOF-5、Fe^{II}-MOF-5、Fe^{III}-MOF-5等中空纳米笼状材料[43]。Huo等人报道了在N,N-二甲基甲酰胺中，用$FeCl_3 \cdot 6H_2O$与1,1-二茂铁二羧酸的溶剂热反应合成二茂铁配位聚合物微球[44]。Kandambeth等报道了采用单步无模板法合成介孔壁COFs[45]。采用2,5-二羟基对苯二醛（Dha）与1,3,5-三羟甲基氨基甲烷（4-氨基苯基）苯（Tab）通过席夫碱反应合成了COF-DhaTab。反应初期，长100~150nm、宽约50nm的棒状COF-DhaTab晶体自组装团聚成球形。随后，由于球内部晶体的稳定性较低，导致晶体溶解，扩散出去，在球的外表面重新结晶，形成中空结构。COF-DhaTab含有大量的中孔，且中孔的大小易于酶的固定，中空结构为分析物分子提供了大量的相互作用位点，使其在的生物传感器和生物催化剂等方面具有潜在的应用价值。

奥斯特瓦尔德熟化技术能够解决传统模板方法中模板移除过程中费时和污染等诸多的问题。与此同时，通过奥斯特瓦尔德熟化机制制备得到的中空结构材料具有尺寸更小、形状更均一等优点。

1.2.3.2 柯肯达尔效应

柯肯达尔效应是冶金学中一个经典现象，它描述了在高温下由金属原子扩散速率的不同而引起的耦合金属之间边界层的运动。首次发现这一现象是在1947年，当时Smigelskas和Kirkendall研究了锌和铜在黄铜中的扩散速率的差异[34]。结果表明，锌向铜的扩散速度要快于铜向黄铜的扩散速度，这导致了它们界面的转变。不均匀物质在相互扩散过程中流动的实验观察，为原子的空跃迁是晶体材料中扩散的主要机制提供了第一个证据。两种材料不同的扩散速率导致了质量流的不均匀，而质量流又被空位流所平衡。空位的积累和缩合在快速扩散中的一侧产生孔隙。在冶金制造业中柯肯达尔效应孔洞的形成是一个不良的过程，这致使在过去的研究均是以减少这种效应的产生为主要动机[35]。令人振奋的是，自从利用柯肯达尔效应制备纳米中空结构在2004年首次被报道以来，柯肯达尔效应在中空纳米结构的设计和制备中展现出积极的一面。图1-7为柯肯达尔效应在中空纳米晶体形成中的示意图。该过程通常包含两个步骤，首先合成固体纳米晶（A），第二步是元素（B）与A反应生成AB化合物，此时B可能是溶解在溶剂中的化学物质。通常，试剂首先与固体核纳米晶（A）的表面反应生成层壳结构材料（AB）。因此，A到AB的直接转化受到反应首先生成的外部AB层的阻碍，而内部原子或离子通过界面的扩散将继续进行进一步的反应。如果固体核A的向外扩散速度比B的向内扩散速度快得多，净材料通量将通过空位向内扩散来平衡。随着反应的进行，会产生更多的空位，并最终合并成小的空隙，这些空隙可以在AB的纳米晶体中进一步扩大到很大的尺寸。有趣的是，当柯肯达尔效应发生在大块材料中时，产生的空隙大小和分布是随机的。然而，当它在纳米尺度上发生时，这些小空隙最终可能会合并成物体中心的一个大空腔，从而生成中空纳米结构。

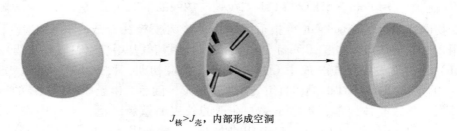

$J_{核}>J_{壳}$，内部形成空洞

图1-7 柯肯达尔效应在中空纳米晶体形成中的示意图

在2004年，殷亚东等人首次采用柯肯达尔效应成功制备中空结构的硫化钴纳米晶[22]。首先，金属钴纳米晶与二氯苯（DCB）中的单质S在180℃下反应形成硫化钴壳层，然后在每个纳米颗粒上形成一个空腔。由于钴向外扩散的速度比硫化物向内扩散的速度快得多，从而产生了纳米级的柯肯达尔效应。硫化物壳层由Co_3S_4或Co_9S_8组成，具体取决于合成中使用的S/Co摩尔比。随着钴纳米晶与硒的反应进行，由于硒化反应非常慢，因此可以通过TEM技术对不同阶段的纳米结构进行表征，因此能够很好地证明柯肯达尔效应在中空形貌的演化。从图1-8中可以看出，形貌的变化为柯肯达尔效应驱动中空纳米壳层的形成提供了极其有力的证据。外部壳与内部核之间连接的细丝归因于核-壳界面周围空隙的优先成核作用；连接核与生长壳的桥或细丝的形成可能是由于核壳界面附近空隙的优先成核作用；空位浓度首先在该区域聚集，界面能降低空间成核的活化能。随着反应的进一步进行，内部的核与外部壳层被更细的丝连接，最终内部Co核与连接壳层丝完全消耗。由于Co纳米晶可以通过磁偶极子相互作用组装成项链状结构，通过纳米尺度的柯肯达尔效应机制，进一步形成$CoSe_2$中空纳米丝。用硫或碲代替硒，也可以制备出具有类似$CoSe_2$形貌的Co_3S_4和CoTe中空纳米丝。

通过柯肯达尔效应制备中空材料时，内部核材料更快地向外扩散是材料空腔形成的关键。因此，改进的柯肯达尔效应引起了研究人员的关注，一般在固-液或固-气界面引入了额外的化学反应，用来增加特定材料的扩散，这种改进为纳米材料和纳米复合材料的自组装提供了一种新的手段，除此之外还可以用来制造核-壳或蛋黄-壳结构材料。在这方面，蒲公英状氧化锌纳米材料可以作为第一个采用化学改进柯肯达尔效应组装材料的例子（图1-9）。在这项工作中，金属锌粒子作为初始反应物，在其表面通常有氧化锌薄层（即相当于Zn@ZnO）。溶液反应增强了Zn的向外扩散。当它们到达液-固界面时，向外扩散的Zn原子立即被碱性溶液溶解，形成锌酸盐阴离子，再与水反应形成氧化锌纳米棒。在这种

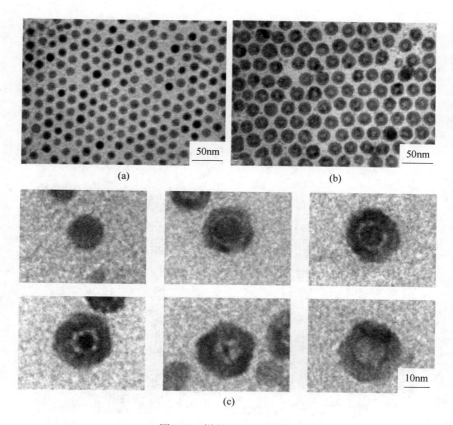

图 1-8 样品的 TEM 图像

(a) 钴纳米晶;(b) 空心硫化钴纳米晶;(c) 透射电镜图像显示了 CoSe 中空纳米晶随时间的演变（从左上角到右下角分别为：0s、10s、20s、1min、2min 和 30min）

情况下，液-固界面作为锌原子与溶液中的化学成分发生反应扩散的场所。这种界面反应是促进内核向外扩散的另一种驱动力，因此可以得到由单个氧化锌纳米棒组装而成的中空超晶格结构[46]。

1.2.3.3 表面保护蚀刻法

当配体覆盖一个纳米粒子时，该粒子的表面在化学腐蚀条件下非常稳定。当拥有足够强的表面保护时，化学腐蚀在很长时间内都可能无法破坏纳米粒子的表层。然而，保护层表面产生小孔，导致蚀刻剂向内扩散。因此，粒子内部的蚀刻速度要快于表层，在适宜的蚀刻阶段会产生中空结构。在这种反应机制中，蚀刻剂浓度和蚀刻时间是两个至关重要的因素。长时间的蚀刻不仅会溶解内部，而且会溶解表层，高浓度的蚀刻剂会显著提高蚀刻速率，但同时难以停止反应和收集空壳。长时间的蚀刻不仅会溶解内部，而且也会溶解粒子表层。

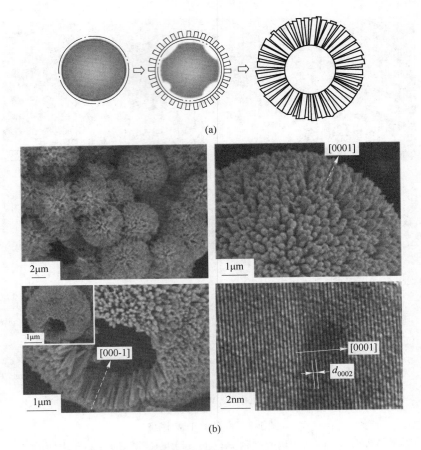

图 1-9 蒲公英状 ZnO 形貌
(a) 附加溶液反应改进柯肯达尔效应生成蒲公英状 ZnO 示意图;
(b) 制备的蒲公英 ZnO 的 SEM 和 TEM 图像

自从殷亚东团队在 2007 年首次采用表面保护蚀刻法法将固体二氧化硅球转化为中空球以来[47],这种合成策略已经被广泛使用[35],通常需要遵循以下几个定律:含有大量结合基团的聚合物配体(如聚丙烯酸、聚乙烯吡咯烷酮、十二烷基硫酸钠等)在纳米粒子表面具有强交联性,是有效保护表面层所必需的材料。作为保护层的聚合物配体的尺寸应该足够大,确保其很难通过晶界渗透到被保护物的内部,只在表面附近起保护作用。同样重要的是,适宜的蚀刻剂也是蚀刻内部材料而不破坏保护层配体的必要条件。最后,纳米粒子构建固体球的包裹方式应该相对松散,易于蚀刻剂在球体内部渗透和扩散(图 1-10)。基于此,Ge 等人基于保护性蚀刻的一锅反应制备出介孔中空 CeO_2 球。采用 PVP 作为反应保护配体,通过聚醇法制备了 PVP 包覆的 CeO_2 多晶球。然后,快速加入具有匹配刻蚀能力的低浓度酸，对 PVP 包覆的 CeO_2 多晶球进行刻蚀。通过调整酸浓度、反应时间和晶种粒度可以控制材料的孔隙度和比表面积。该方法 CuO、ZnO 等其他氧化物具有良好的兼容性。这种简单的一锅反应可以有效地利用普通前驱体制备比表面积大、结晶性能良好的介孔结构材料[48]。

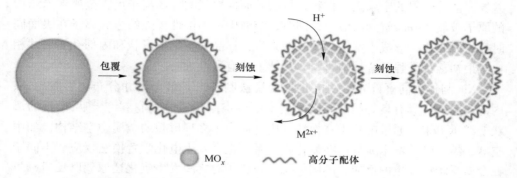

图 1-10　通过表面保护蚀刻法制备多孔金属氧化物中空结构的原理图

对于组分均匀的模板粒子，由于缺陷分布不均，可能仍然存在非均匀性。通常，由于粒子生长初期生长速度较快，导致通过溶液法制备的固相粒子核心缺陷较多。这种现象普遍存在于由次生纳米晶聚合而成的多晶粒子中，如 SiO_2[49]、普鲁士蓝[50]、和 MIL-101[51]。蚀刻的选择性源于核壳的非均匀性。利用这一特性，可以在无外加钝化层的情况下，通过控制蚀刻工艺制备中空甚至多壳结构[49-51]。因此，即使没有表面保护，由于中心部位和外部部位的稳定性差异，化学反应也可以选择性地蚀刻内部，形成中空结构。

此外，即使在定义明确的单晶中，由于不同的原子邻域和原子间距离而产生的各种切面之间，仍然存在着明显的稳定性和活性差异。化学蚀刻的选择性是由其内在的几何引起的不同平面[52]、边缘或棱角[53]之间化学稳定性的差异决定的。

"表面保护蚀刻法"方法首先要考虑移除前驱体的中心部分以创建内部空腔，这与传统的模板辅助方法类似。但相比于传统模板法，表面保护蚀刻法主要有两方面优势：不需要额外制备模板的过程，使得该方法有利于降低成本和大规模合成；该方法避免了烦琐、困难的非均质涂层的麻烦，使其具有更好的可重复性。至于缺点，蚀刻过程难免地会对剩余壳层的结晶度和均匀性产生负面影响，尤其是局部和小范围的蚀刻。准确控制蚀刻过程是非常困难的，过度蚀刻可能会导致中空结构坍塌成更小的碎片。在结构中存在多缺陷性和缺乏稳固性，可能会阻碍其在许多领域的应用。

1.2.3.4　电化学置换法

电化学置换法是自然界中广泛存在的一种现象。这是一种相当简单的电化学过程，描述了一种金属在电解液中与另一种金属通电接触时产生优先侵蚀。根据这种现象，研究人员发现，当使用还原性较低的金属（活性更强）作为内部核材料，并将其置于还原性更高的金属（惰性更强）盐溶液中时可以简单有效地构建中空结构材料。这种现象的主要驱动力来源于两种金属之间氧化还原电位的差异，活性较强的金属内核材料在接触还原性更高的金属离子后，金属纳米结构的原子被氧化并溶解到溶液中，同时，溶液中更多惰性更强的金属离子在表面同时被还原固化，形成中空结构。一般来说，样品中空结构形状和内部孔洞尺寸相比于最初活性较强的金属核材料在尺寸上略有所增加。

Xia与他的同事首先采用电化学置换法制备出了最小尺寸分布、形貌均一、内部空腔大、具有良好结晶壳层的纳米级中空结构贵金属材料[54]。从模板的形状上继承下来，通过电化学置换法反应合成出了多种形貌的金属中空结构，如中空球、纳米管、纳米笼等。在氧化物体系中也会发生电化学置换法反应。不同于在金属系统中发生的反应，不同价态金属离子对之间发生氧化还原偶联反应，将氧化物中价态较高的离子与溶液中价态较低的离子交换[55]。

在过去的十几年中，通过电化学置换法反应合成出了多种形貌、尺寸各异、空洞大小可控、腔体可调的中空结构。需要指出的是，采用电化学置换法反应可以有效地制备出只有几十纳米的中空结构材料。然而，这种方法的几个缺点是不能忽视的。首先，基于电化学置换法反应的制备相对其他方法来说不太可控。其次，通过这种方法制备的中空材料目前仅限于贵金属、一些过渡金属氧化物或硫化物。而母核模板的选择范围受到局限，特别是中空结构氧化物（主要为Mn_3O_4和Co_3O_4）。但最重要的是，电化学置换法反应总是涉及合金（或掺杂）和脱合金（或脱掺杂）过程，这可能导致转换后的壳层碎裂或塌陷。

1.3 超级电容器的概述

化石燃料的日益枯竭以及温室气体大量排放对环境的危害已经导致全世界对可持续能源供应的需求越发急迫[56]。水力发电、太阳能以及风能等可再生能源最有希望成为上述问题的解决方案[57]。然而，由于发电量的波动性很大，为了满足对能源的需求，必须有效地存储可再生能源生产的电力[58]。将各种储能设备的能量密度与功率密度关系绘制成Ragone图（图1-11），从图中可以看出电池和超级电容器代表了两个主要电化学储能技术[59]。锂离子电池由于其高能量密度（接近180W·h/kg），目前广泛应用于消费类电子产品中。然而，缓慢的电子和离子传输容易导致多种电阻消耗，当在较大功率使用时，电池内部会产生热量和锂枝晶，这会导致严重的安全问题[60]。

超级电容器（又称电化学电容器），可以在某些应用中补充甚至取代电池，

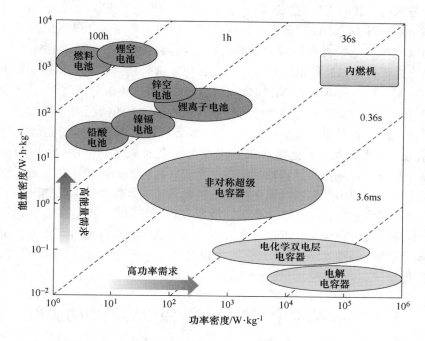

图 1-11 储能设备的能量密度与功率密度 Ragone 图

因为它们可以提供较高的功率密度、适中的能量密度、运行安全、循环稳定性好（>10 万次）等诸多优点[61]。因此，超级电容器的一系列特性引发了人们对快速充电、高循环稳定性和高功率密度的兴趣。例如，超级电容器现在被用于重型汽车、卡车和公共汽车的混合平台、间歇性可再生能源的负载均衡系统，以及电动汽车和轻轨的再生制动能量存储。相比于传统固态电解电容器来说，尽管商用超级电容器能提供更高的能量密度（约 5W·h/kg），但这仍然远低于电池（最高可达 200W·h/kg）和燃料电池（最高可达 350W·h/kg）的能量密度。因此，较低的能量密度进一步限制了超级电容器的广泛使用，人们将电容器的研究重点放在不牺牲其功率密度和循环稳定性的前提下实现电池的能量密度。

在超级电容器领域中发展非对称超级电容器是解决其相对能量密度较低的一种途径。在这种情况下，非对称超级电容器涵盖了广泛的设备配置。一般来说，超级电容器可以分为三种不同类型，其中包括电双层电容器、赝电容器和非对称超级电容器。通常情况下，非对称超级电容器可分为两类，即带有两个电容电极的系统或混合电容器。混合电容器已被确定为一种装置，其中一个电极通过电池类型的法拉第过程存储电荷，而另一个电极基于电容机制存储电荷。在充放电过程中，非对称超级电容器可以充分利用两个电极的不同电位窗，最大限度地提高整个器件的工作电压。比如，当水系对称电容器的电压窗口被限制在 1.2V 时，非对称超级电容器的工作电压窗口可以扩展到2.0V甚至更大[62-63]。

基于快速可逆的表面或近表面氧化还原反应的纳米结构金属氧化物及氢氧化物是超级电容器电极材料的理想选择，由于其具有优异的电荷储存能力、比容高、倍率性能佳和循环稳定性好等特点。各种金属氧化物及氢氧化物，如RuO_2、TiO_2、V_2O_5、MnO_2、NiO和$Ni(OH)_2$等已被用于制造超级电容器[64]。然而，由于上述材料导电率差和动力学缓慢的特性，在体积较大的情况时并不具有发展前景。因此，许多研究集中在提高金属氧化物及氢氧化物基材料的超级电容器性能。首先，通过将金属氧化物及氢氧化物与大表面积高导电性（如GO、rGO、泡沫镍等）整合，来提高材料的比电容。第二，将材料纳米粒子化，由于纳米粒子活性部位暴露较多，界面电导率较好。然而，加工这些金属氧化物及氢氧化物并不容易，因为它们容易烧结和聚集。最为有效地解决这一问题的方法是用纳米级粒子构建多孔中空结构，不仅可以方便地获得活性物质，而且可以支撑抑制晶粒生长。精确控制纳米结构的形状/形貌和尺寸是实现高电容和高速率性能的最有效方法之一，以充分利用材料的优势。

1.4 微/纳米中空材料在超级电容器中的应用

通常来说，微/纳米中空结构作为超级电容器电极材料具有明显的优势：(1) 更大的表面积和孔隙不仅可以扩大电极/电解质的接触面积，还可以提供更多的离子活性位点，从而提高比电容；(2) 纳米壳层缩短了离子和电子的扩散途径，有利于活性物质的快速嵌入/脱嵌，提高了材料的倍率性能；(3) 通过自支撑构建，提高机械强度，保持渗透性，增强循环稳定性。上述这些对材料的改进方法对于突破目前超级电容器研究中的瓶颈具有重要的意义。

由于中空纳米结构碳材料具有表面积大、较短的离子扩散路径等优点，使得研究人员在近些年来对其在作为超级电容器电极材料方面的研究日益增多[64-65]。You等人采用二氧化硅纳米粒子为模板，制备出了具有两种尺寸介孔（6.4nm和3.1nm）、大表面积（1704m^2/g）的中空碳纳米球[65]。所制备的中空纳米碳球电极在2mol/L H_2SO_4溶液中，在50mV/s的扫描速率下时比电容达到251F/g，且循环稳定性好。Xu[66]等人最近开发了一种简便的方法来制备具有较大比表面积（3022m^2/g）、平均直径约为69nm的中空纳米碳球。通过软模板法合成出了聚苯胺/聚吡咯共聚物中空球，并对其进行了简单碳化。在电流密度为0.1A/g和1A/g时，中空纳米碳球电极的比电容分别为203F/g和180F/g。

Tang等人以胶体SiO_2为模板，在水热条件下制备出具有较大比表面积（253m^2/g）和层状结构的层状中空水钠锰矿型氧化锰纳米球（$Na_{0.38}MnO_{2.14} \cdot 13H_2O$）。所制备的中空氧化锰纳米球在中性电解质中表现出优异的电化学行为，比电容达到299F/g，循环稳定性好（在扫描速率为5mV/s条件下，1000次循环后衰减2.4%）[67]。Xiao等人报道了水热合成单晶α-MnO^2纳米管，展现出高的比电容，同时具有良好的功率性能[68]。Moon等人最近报道了使用氮化TiO_2空心壳体组装的单层膜作为支撑MnO_2的支架，在扫描速率为10mV/s时比电容高达743.9F/g[69]。Cao等人基于奥斯特瓦尔德熟化工艺合成了由扭曲NiO纳米片组成的花朵状NiO中空纳米球，在电流密度为5A/g时比电容为585F/g，具有良好的循环稳定性[70]。

南洋理工大学娄雄文课题组开发出一种制备纳米管结构$M_xCo_{3-x}S_4$（M = Ni，Mn，Zn）纳米粒子的通用方法并将其用于超级电容器电极[71]。需要特别注意的是$MnCo_2S_4$纳米管具有优异的倍率性能和卓越的循环稳定性能，在20000个充放电循环周期过后，电容损耗率仅为6%。在循环过程中，纳米粒子组装的多孔外壳层促进电解质扩散和界面反应，因此大大提高比电容。与此同时，特有的中空结构增强了材料的稳定性，使其具有良好的循环性能。Peng等人合成了一系列具有不同内部结构的CoS_2粒子，包括固体微球、蛋黄壳微球和单层壳中空微球，并对中空结构和实心结构的电化学性能进行了系统的比较[72]。作为非对称电容器的电池型电极，中空结构CoS_2微球相比于其他实心结构在比电容和循环稳定性方面的性能显著提高。

1.5 本书的主要研究内容及创新点

微/纳米中空结构金属氧化物及氢氧化物因其独特的微观结构改善了电极动力学，提供大的暴露表面使得电极与电解液能够充分接触，显著缩短了电解质离子在电化学反应中的扩散路径，大幅度提升电极材料的电化学性能。硬模板方法通常会遇到模板的尺寸限制、有害且复杂的模板去除合成程序等难以克服的障碍。软模板路由可以减少甚至消除模板删除的困难，但仍然不能有效解决生产流程耗时的缺点。因此，在实际应用中，不需要额外模板直接合成中空结构材料是首选的方法，因为它简化了合成过程，大大降低了生产成本。然而，传统无模板法的每种机制只在某些特定的条件下适用。此外，为了改变大多数金属氧化物及氢氧化物的较差导电性，在合成中空结构材料后通常需要烦琐的步骤引入改变导电性的碳质客体，尤其是在用作电极材料时。本书采用功能化的多壁纳米碳管，通过一步水热反应诱导金属氧化物及氢氧化物中空结构形成，制备出具有良好导电性、包含丰富电化学活性点位、易于离子扩散和电子传导的廉价金属氧化物及氢氧化物中空纳米结构复合材料。通过扫描电镜和透射电镜系统地追踪了功能化纳米碳管的诱导机理和中空球的形成机制；采用三电极测试对所制备材料的电荷存储机制进行探究；并将所制备的金属氧化物及氢氧化物中空纳米结构复合材料分别作为正负极材料组装成非对称超级电容器期间对其实用性能进一步评估。

本书的创新点主要有以下三点：

（1）通过调节多壁纳米碳管表面功能团的密度，使其在一步水热反应中诱导金属氧化物及氢氧化物形成中空结构，并探究中空结构的形成机制。所制备的材料在未添加功能化多壁纳米碳管时均无中空结构形成。研究表明该方法具有一定的普适性，可用于多种中空结构金属氧化物及氢氧化物/碳材料的制备。

（2）探究所制备的中空结构复合材料的电化学性能，优异的电化学性能主要来源于中空结构复合材料的新颖独特的微观结构与碳管加入促进材料本征导电率的提升，揭示了制备材料的电荷储存机制。制备出三种具有中空结构的复合材料，可用于非对称超级电容器的正负极。

（3）分别组装了 HS-CeO_2/MWCNTs//AC（AC 代表活性炭）、HHM-(β)Ni(OH)$_2$/MWCNTs//AC 和 HHM-(β)Ni(OH)$_2$/MWCNTs//HS-Fe_3O_4/MWCNTs 三个非对称超级电容器器件，均得到优异的电化学性能，在保持高功率密度的前提下兼顾提高能量密度。

2 碳纳米管诱导中空氧化铈的制备及其电化学行为

2.1 引 言

近年来，中空纳米金属氧化物（HNMOs）因其在药物输送、水处理、气体传感器、催化、储能等众多新兴技术领域的重要应用而受到人们广泛的关注[73-77]。中空结构材料的合成通常涉及使用硬模板（如聚合物乳胶球或单分散二氧化硅），或软模板（如乳液胶束和气泡），然后去除模板[78-82]。然而，硬模板法通常会遇到许多难以克服的阻碍，例如受到模板的尺寸限制、移除模板的过程复杂等[83]。软模板法虽然可以减少甚至消除移除模板过程中的许多缺点，但在提供目标产品有限数量的情况下，仍然不能有效解决生产过程耗时的缺点[84-86]。因此，在实际应用中，不添加额外模板直接合成中空结构材料是首选的策略，因为它不仅简化了制备过程，同时降低了生产成本。针对不同机理，多种无模板制备中空结构的方法已经得到发展，如奥斯特瓦尔德熟化法、柯肯达尔效应法、电化学置换法等[87-88]。然而，无模板方法的每种机制只能在某些特定的体系中使用[89]。此外，大多数金属氧化物较差的导电性仍然是优化 HNMOs 性能不可避免的挑战，尤其是在用作电极材料时。

构建具有优异存储性能的新型电极材料是电化学储能装置在实际应用中的重要一环。迄今为止，过渡金属氧化物及过渡金属氢氧化物[90-92]、过渡金属硫化物[93]和导电聚合物[94]等各种电极材料因其能量密度的提升而得到了成功的开发。二氧化铈（CeO_2）具有不污染环境、地球丰度高、价格低廉、动态氧化还原电对、结构稳定、理论电容较高等优点，有望成为非对称超级电容器的理想电极材料[89]。由于 CeO_2 纳米颗粒具有更多活性位点和接触面积，因此被广泛应用。然而，CeO_2 纳米颗粒容易聚集，因此很难对其进行处理。一种有效的解决方法是用纳米级的原生粒子构建中空结构。

本章中，我们将研究重点放在通过调整 MWCNTs 表面的官能团密度，采用无模板法制备中空球二氧化铈/多壁纳米碳管复合材料（HS-CeO_2/MWCNTs）作为先进的非对称超级电容器电极材料（图 2-1）。系统研究了 HS-CeO_2/MWCNTs 的详细形成过程及储能机理。由于其具有独特的结构，我们新制备的

HS-CeO$_2$/MWCNTs 复合材料的电化学性能得到了显著改善。

图 2-1　HS-CeO$_2$/MWCNTs 结构示意图

2.2　实验部分

2.2.1　实验原料

实验原料见表 2-1。

表 2-1　实验原料

原　料	纯　度	厂　家
氯化铈（CeCl$_3$·7H$_2$O）	分析纯	Sinopharm Chemical Reagent Co., Ltd.
氢氧化钾（KOH）	分析纯	Sinopharm Chemical Reagent Co., Ltd.
尿素（CO(NH$_2$)$_2$）	分析纯	Sinopharm Chemical Reagent Co., Ltd.
无水乙醇（C$_2$H$_6$O）	分析纯	Sinopharm Chemical Reagent Co., Ltd.
聚四氟乙烯（PTFE）	分析纯	Shanghai Mackin Biochemical Co., Ltd.
多壁纳米碳管（MWCNTs）	分析纯	Shenzhen NanotechPart Co., Ltd.
过氧化氢（H$_2$O$_2$）	分析纯	国药集团化学试剂有限公司
浓硫酸（H$_2$SO$_4$）	分析纯	国药集团化学试剂有限公司
浓硝酸	分析纯	国药集团化学试剂有限公司
碳布		昆山腾尔辉电子科技有限公司
氩气	99.999%	沈阳圣峰高压气体有限公司
PVA	分析纯	西陇科学化工试剂有限公司
活性炭		福州益环碳素有限公司

2.2.2 实验仪器

实验仪器见表2-2。

表2-2 实验仪器

仪 器 名 称	仪 器 型 号
傅里叶变换红外光谱（IR）仪	Nicolet 5DX FT-IR
拉曼（Raman）光谱仪	Renishaw Confocal Micro-Raman Spectrometer
扫描电子显微镜（SEM）	Hitachi SU8000
X射线粉末衍射（XRD）仪	Bruker AXS D8 ADVANCE X
热重-差热分析（TGA）仪	Perkin-Elmer Pyrisl TGA7
透射电子显微镜（TEM）	JEOL JEM-2100
X射线光电子能谱（XPS）仪	ESCALAB Mk II
鼓风干燥箱	上海恒一 DHG-9030A
真空管式炉	合肥科晶 OTF-1200X
磁力搅拌器	JOANLAB HS-17
电化学工作站	上海辰华 CHI660

2.2.3 样品的制备

2.2.3.1 表面修饰的多壁碳纳米管的制备

称取0.6g MWCNTs加入80℃的食人鱼溶液（30mL 30% H_2O_2 和70mL浓 H_2SO_4 的混合物）中，在磁力搅拌下搅拌处理1h或24h。收集表面改性后的MWCNTs样品，用无水乙醇和蒸馏水反复冲洗数次，然后将样品置于鼓风干燥箱中，80℃条件下干燥12h，这两种表面改性的MWCNTs分别命名为SMMWCNTs-1和SMMWCNTs-24。

2.2.3.2 CeO_2 纳米颗粒的制备

将 $CeCl_3 \cdot 7H_2O$（0.12g）和尿素（0.06g）分散于30mL去离子水中，超声处理2h，向前驱液中滴入0.2mL 30% H_2O_2。然后，将前驱体溶液转移到50mL聚四氟乙烯内衬的不锈钢高压釜中。在120℃的烘箱中水热生长12h。反应结束后，冷却不锈钢反应釜至室温。将所得沉淀物用去离子水和无水乙醇反复洗涤数次，后置于鼓风干燥箱中，80℃条件下干燥过夜。最后，将所制备样品置于管式炉中，在500℃的Ar气氛中以4℃/min的升温速率退火2h。

2.2.3.3 CeO_2 纳米颗粒/多壁碳纳米管复合材料的制备

将未修饰的多壁碳纳米管（0.005g），$CeCl_3 \cdot 7H_2O$（0.12g）和尿素（0.06g）分散于30mL去离子水中，超声处理2h，向前驱液中滴入0.2mL 30% H_2O_2。然后，将前驱体溶液转移到50mL聚四氟乙烯内衬的不锈钢高压釜中。在120℃的烘箱中水热生长12h。反应结束后，将不锈钢反应釜冷却至室温。将所得沉淀物用去离子水和无水乙醇反复洗涤数次，后置于鼓风干燥箱中，80℃条件下干燥过夜。最后，将所制备样品置于管式炉中，在500℃的Ar气氛中以4℃/min的升温速率退火2h。

2.2.3.4 中空球 CeO_2/多壁碳纳米管复合材料的制备

将表面修饰1h的多壁碳纳米管（0.005g）、$CeCl_3 \cdot 7H_2O$（0.12g）和尿素（0.06g）分散于30mL去离子水中，超声处理2h，向前驱液中滴入0.2mL 30% H_2O_2。然后，将前驱体溶液转移到50mL聚四氟乙烯内衬的不锈钢高压釜中。在120℃的烘箱中水热生长12h。反应结束后，冷却不锈钢反应釜至室温。将所得沉淀物用去离子水和无水乙醇反复洗涤数次，后置于鼓风干燥箱中，80℃条件下干燥过夜。最后，将所制备样品置于管式炉中，在500℃的Ar气氛中以4℃/min的升温速率退火2h。

2.2.3.5 CeO_2 包覆多壁碳纳米管复合材料的制备

将表面修饰24h的多壁碳纳米管（0.005g）、$CeCl_3 \cdot 7H_2O$（0.12g）和尿素（0.06g）分散于30mL去离子水中，超声处理2h，向前驱液中滴入0.2mL 30% H_2O_2。然后，将前驱体溶液转移到50mL聚四氟乙烯内衬的不锈钢高压釜中。在120℃的烘箱中水热生长12h。反应结束后，冷却不锈钢反应釜至室温。将所得沉淀物用去离子水和无水乙醇反复洗涤数次，后置于鼓风干燥箱中，80℃条件下干燥过夜。最后，将所制备样品置于管式炉中，在500℃的Ar气氛中以4℃/min的升温速率退火2h。

2.2.4 样品的特征

通过X射线粉末衍射（XRD，Bruker D8 Advance）对所制备的复合材料进行了测定。XRD谱图的记录使用铜靶和$K\alpha$（$\lambda = 1.5406 \times 10^{-10}$m）辐射，扫描从10°~80°，速度为2(°)/min。拉曼光谱是利用Renishaw共聚焦显微拉曼光谱仪获得的，该光谱仪配备了HeNe（633nm）激光器，激光以10%的功率工作。采用扫描电镜（SEM，Hitachi SU8000）观察合成材料的形貌。用透射电镜（TEM，JEOL JEM-2100）对制备的粉体在200kV加速电压下的微观结构进行了进一步的研究。X射线光电子能谱（XPS）通过ESCALAB Mk Ⅱ分光计对复合材料的元素组成进行研究。

2.2.5 电化学特征

将活性材料（质量分数为80%）、导电炭黑（质量分数为10%）和PTFE（质量分数为10%）分散在无水乙醇中，用玛瑙研钵研磨2h，后置于60℃鼓风干燥箱中干燥过夜。2~3mg样品涂覆在泡沫镍衬底（1cm×1cm）作为工作电极。所有的测试包括循环伏安法（CV）、电化学阻抗谱（EIS）和恒流充放电测试（GCD）都是在6mol/L KOH水溶液中通过CHI 660d电化学工作站进行的。铂片电极和饱和甘汞电极分别作为对电极和参比电极。比电容（C）可根据公式（2-1）计算：

$$C = \frac{I \times \Delta t}{m \times \Delta V} \tag{2-1}$$

式中，I为放电电流，A；Δt为放电时间，s；ΔV为放电时的电压窗口，V；m为电极中活性材料的质量，g。

2.2.6 不对称电容器的组装

采用双电极测试系统对柔性全固态超级电容器的电化学测量结果进行探究。以制备的HS-CeO$_2$/MWCNTs复合材料为正极，活性炭为负极，组装成非对称超级电容器装置。采用上文提到的工艺制备了工作电极。凝胶电解质的制备，PVA粉体（1g）在10mL去离子水中以85℃的温度剧烈搅拌溶解至澄清，然后冷却至40℃。冷却后，加入KOH（1g），搅拌10min，将凝胶倒入聚四氟乙烯平板上，在空气中干燥，蒸发多余的水分。室温固化后，将凝胶电解质切成与电极尺寸匹配的小块。组装非对称柔性全固态超级电容器，将自支撑固化凝胶夹在两片相同的电极中进行组装。正负电极的质量比由式（2-2）决定：

$$\frac{m_+}{m_-} = \frac{C_+ \times \Delta V_+}{C_- \times \Delta V_-} \tag{2-2}$$

式中，m为制备的电极材料的质量，g；C为活性材料的比电容，F/g；ΔV为电压窗口，V。根据电荷平衡方程，计算HS-CeO$_2$/MWCNTs与AC的最优质量比为1:1.36。能量密度E（W·h/kg）和相应的功率密度P（W/kg）可由式（2-3）和式（2-4）计算：

$$E = \frac{1}{2} \times C \times \Delta V^2 \tag{2-3}$$

$$P = \frac{E}{\Delta t} \tag{2-4}$$

式中，C为组装的HS-CeO$_2$/MWCNTs//AC不对称电容器的比电容，F/g；V为电压窗口，V；Δt为放电时间，s。

2.3 结果与讨论

HS-CeO$_2$/MWCNTs 复合材料的详细制作过程如图 2-2 所示。本章采用水热法制备了 HS-CeO$_2$/MWCNTs 复合材料。与其他报道的模板法制备空心结构 CeO$_2$ 不同，本章采用了官能团（—OH 和—COOH）修饰的 MWCNTs。如图 2-2 所示，新制备的 HS-CeO$_2$/MWCNTs 复合材料，结合了三维中空球和一维链结构的特点，呈现出独特的结构。合理设计的结构具有以下优点：（1）中空球 CeO$_2$ 能提供更有效的表面积和扩散途径，从而增加了更多的容易接触的法拉第活性位点；（2）MWCNTs 作为电子传输网络，不仅可以大大提高复合材料的导电性，还可以提高中空球 CeO$_2$ 的分散性，从而进一步提高电化学性能；（3）CeO$_2$ 的多孔中空球结构和高导电性的 MWCNTs 都可以削弱充放电过程中 CeO$_2$ 体积的变化，从而具有良好的循环稳定性。得益于上述特点，独特的 HS-CeO$_2$/MWCNTs 具有较高的比电容和较长的循环寿命。

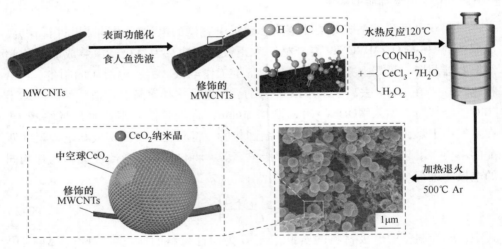

图 2-2　HS-CeO$_2$/MWCNTs 复合材料的制备过程

2.3.1 材料特征

采用粉末 X 射线衍射（XRD）检测了 MWCNTs、Hs-CeO$_2$/MWCNTs 和 CeO$_2$ 纳米颗粒的晶体结构和相纯度。如图 2-3 所示，MWCNTs 峰值位置与早先文献报道的一致[95]。CeO$_2$ 纳米颗粒和 HS-CeO$_2$/MWCNTs 复合材料在 28.3°（111）、32.9°（200）、47.3°（220）、56.0°（311）、59.6°（222）、69.0°（400）、76.7°（331）、79.1°（420）处的主要衍射峰与典型的立方萤石型 CeO$_2$ 结构（JCPDS

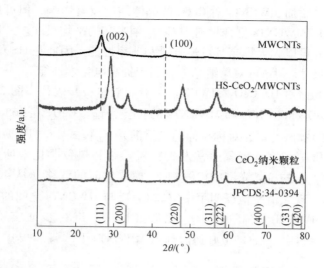

图 2-3 MWCNTs、HS-CeO$_2$/MWCNTs 和 CeO$_2$ 纳米颗粒的 XRD 谱图

card No. 34-0394）一致[96]。根据 TG（图 2-4）结果，HS-CeO$_2$/MWCNTs 的碳含量约为 16.3%。因此，较低的 MWCNTs 含量和较弱衍射强度，导致在 HS-CeO$_2$/MWCNTs 的 XRD 图谱中没有出现明显的 MWCNTs 衍射峰。值得注意的是，HS-CeO$_2$/MWCNTs 的峰比 CeO$_2$ 纳米颗粒的峰要宽，说明在 HS-CeO$_2$/MWCNTs 复合材料中 CeO$_2$ 纳米晶体的尺寸较小。根据谢勒方程，CeO$_2$ 纳米颗粒的平均晶体尺寸和 HS-CeO$_2$/MWCNTs 中 CeO$_2$ 纳米晶体的尺寸分别是(39.8±0.5)nm，(5.3±0.5)nm。

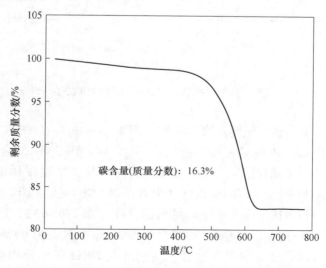

图 2-4 HS-CeO$_2$/MWCNTs 的 TG 曲线

这些结果表明，添加 MWCNTs 对 CeO_2 的晶体结构没有影响，但可以有效降低所制备的 HS-CeO_2/MWCNTs 复合材料中 CeO_2 纳米晶的平均尺寸。一般来说，减小电极材料的尺寸可以大大提高其可逆容量和速率性能。因此在 HS-CeO_2/MWCNTs 复合材料中，尺寸较小的 CeO_2 纳米晶有利于提高电化学性能。

通过拉曼光谱对 HS-CeO_2/MWCNTs 复合材料进一步表征。图 2-5 为 CeO_2 纳米颗粒、HS-CeO_2/MWCNTs 和 MWCNTs 的拉曼光谱。CeO_2 在 465cm^{-1} 处的峰值可以归因于 Ce-O_8 振动单元对称拉伸的三重简并 F_{2g} 模式[97]。F_{2g} 振动模式对氧晶格的无序非常敏感，这种现象通常发生在氧掺杂和热致非化学计量效应中。在 HS-CeO_2/MWCNTs 的拉曼光谱中检测到 F_{2g} 模式对应的蓝移（从 465cm^{-1} 移动到 456cm^{-1}）。这一现象清楚地证明了中空球 CeO_2 与 MWCNTs 之间的电荷转移。此外，HS-CeO_2/MWCNTs 较高的 I_D/I_G 比值（1.17）进一步证实了在 HS-CeO_2/MWCNTs 复合材料中，CeO_2 很好地嵌到了 MWCNTs 上[98]。

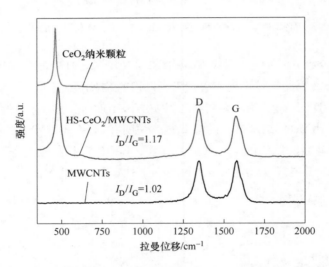

图 2-5 CeO_2 纳米颗粒、HS-CeO_2/MWCNTs 和 MWCNTs 的拉曼谱图

采用扫描电镜和透射电镜观察 HS-CeO_2/MWCNTs 和 CeO_2 纳米颗粒的形貌特征，如图 2-6 所示。通过对三维穿插结构 HS-CeO_2/MWCNTs 复合材料的观察，可以检测到中空性质的球体、多孔的壳体和构造块。中空球体的平均直径为 350nm，表面粗糙的中空球 CeO_2 很好地附着在 MWCNTs 上（图 2-6(a)）。中心白色部分与黑边的对比证实了中空球结构的存在（图 2-6(b)），这与图 2-6(a) 中 SEM 观测结果一致。中空 CeO_2 的壁厚约为 30nm（图 2-6(b) 插图）。可以认定这些中空球 CeO_2 是由纳米晶聚合形成的。在 HRTEM 图像中可见晶格条纹（图 2-6(c)），晶格间距约为 0.27nm，对应立方萤石结构 CeO_2 的（200）晶面。

进一步证明了 HS-CeO$_2$/MWCNTs 中的中空球 CeO$_2$ 是由较小的 CeO$_2$ 纳米晶构成的。CeO$_2$ 纳米晶体的大小为 (5.5±0.2) nm，这与 XRD 分析结果相一致。对比图 2-6(d) 为相同反应条件下不添加 MWCNTs 的情况下所制备的 CeO$_2$ 纳米颗粒的 SEM 图像。图中可以观察到严重团聚的 CeO$_2$ 纳米颗粒无中空球结构。从 CeO$_2$ 纳米颗粒 HRTEM 图像（图 2-6(d) 插图）可以看出，晶格间距为 0.27nm 的晶格条纹对应于 CeO$_2$ 的 (200) 晶面，说明 CeO$_2$ 具有高的结晶度。上述结果表明，采用改性的多壁碳纳米管可以诱导形成中空球 CeO$_2$。

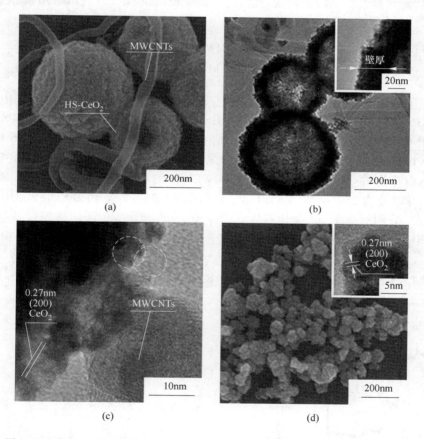

图 2-6　HS-CeO$_2$/MWCNTs（a~c）和 CeO$_2$ 纳米颗粒（d）的 SEM、TEM 谱图

为了进一步证明 HS-CeO$_2$/MWCNTs 具有良好的分散性，采用 Energy Dispersive X-ray spectroscopy（EDX）元素映射技术对 HS-CeO$_2$/MWCNTs 复合材料的组成分布进行了检测，如图 2-7 所示。图 2-7(b)~(d) 为三色图像，分别对应 C、Ce、O 三种不同的元素。这些图像显示，C、Ce 和 O 在 HS-CeO$_2$/MWCNTs 复合材料中分布良好。EDX 光谱还显示 HS-CeO$_2$/MWCNTs 由 C、O 和 Ce 组成，与

HS-CeO$_2$/MWCNTs 纳米复合材料的成分一致。

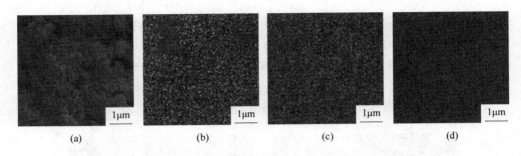

图 2-7　HS-CeO$_2$/MWCNTs 的 EDX 谱图
(a) HS-CeO$_2$/MWCNTs 的 SEM 图；(b) C 元素；(c) Ce 元素；(d) O 元素

为了分析 HS-CeO$_2$/MWCNTs 的价态和组成信息，进行了 X 射线光电子能谱（XPS）测试。如图 2-8(a) 所示，HS-CeO$_2$/MWCNTs 复合材料的 XPS 全扫描光谱中检测到 C、O、Ce 元素。结合 Raman 和 SEM 的结果，HS-CeO$_2$/MWCNTs 的 C 1s 峰值远大于 CeO$_2$ 纳米颗粒（图 2-8(b)），说明 HS-CeO$_2$/MWCNTs 中存在 MWCNTs。HS-CeO$_2$/MWCNTs 的高分辨率 C 1s 谱图（图 2-9(a)）可以分为 284.4eV、285.1eV、286.0eV、287.7eV 和 288.9eV 处几个不同的峰，分别对应于 sp^2 杂化石墨状碳原子、sp^3 杂化碳原子、碳原羟基基团中的碳原子（C—OH）、羰基基团中碳原子（C═O）、羧基基团中碳原子（HO—C═O）[99-100]。290.7eV 处的峰通常与 π-π*（石墨平面自由电子）相关。CeO$_2$ 纳米颗粒的 C—C 峰强度较低（图 2-9(b)），进一步证实了 HS-CeO$_2$/

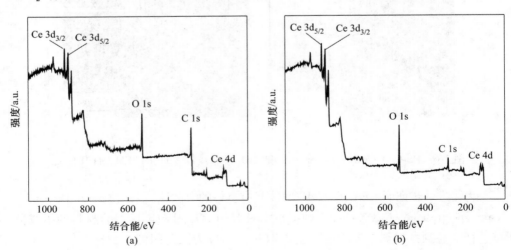

图 2-8　样品的 XPS 全扫描谱图
(a) HS-CeO$_2$/MWCNTs；(b) CeO$_2$ 纳米颗粒

MWCNTs 中存在 MWCNTs。值得注意的是，在 CeO$_2$ 纳米颗粒的 C 1s 谱中，没有 C—OH 和 HO—C═O 键的峰出现，证实了 MWCNTs 表面存在含氧官能团。这些含氧官能团有利于成为中空球 CeO$_2$ 成核位点。

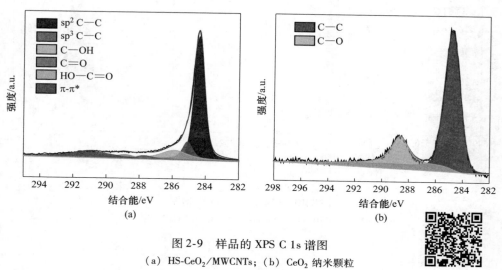

图 2-9　样品的 XPS C 1s 谱图
(a) HS-CeO$_2$/MWCNTs；(b) CeO$_2$ 纳米颗粒

图 2-9 彩图

HS-CeO$_2$/MWCNTs 复合材料的高分辨率 O 1s 光谱（图 2-10(a)）由三种氧组成。在较低结合能 529.69eV 处的 O 1s 峰归属为 Ce—O，是 CeO$_2$ 的晶格氧（O$_{lattice}$）[101]。而 C—O（531.82eV）和 C—OH（533.21eV）的峰属于 HS-CeO$_2$/MWCNTs 复合材料表面（O$_{sur}$）的化学吸附氧（O$^-$）[98]。则 O$_{sur}$ 比值的浓度可由公式（2-5）计算：

$$\frac{[O_{sur}]}{[O_{sur}+O_{lat}]}=\frac{area(O_{sur})}{area(Total)} \tag{2-5}$$

由式（2-5）可知，HS-CeO$_2$/MWCNTs 的 O$_{sur}$ 值为 45.62% 远大于 CeO$_2$ 纳米颗粒的 O$_{sur}$ 值（25.77%）（图 2-10(b)），说明在 HS-CeO$_2$/MWCNTs 复合材料表面存在丰富的表面吸附氧。O$_{sur}$ 值越高，HS-CeO$_2$/MWCNTs 复合材料中氧空位越多，说明 HS-CeO$_2$/MWCNTs 复合材料具有较高的电化学活性。

HS-CeO$_2$/MWCNTs 中的 Ce^{4+} 分为 6 个峰：V（约 882.6eV）、V″（约 889.3eV）、V‴（约 898.4eV）、U（约 901.2eV）、U″（约 907.9eV）和 U‴（约 917.2eV）。HS-CeO$_2$/MWCNTs 中的 Ce^{3+} 具有两个峰：V′（约 884.3eV）和 U′（约 903.2eV）。CeO$_2$ 的晶体结构为萤石型（图2-11），每个 O^{2-} 由 4 个 Ce^{4+} 阳离子环绕，每个 Ce^{4+} 阳离子在一个立方体中被 8 个 O^{2-} 阴离子包围。晶格中氧空位的引入导致价态从 Ce^{4+} 变为 Ce^{3+} [102]。因此，Ce^{3+} 的含量间接反映了晶格中氧空位的存在。通过 Ce^{3+} 和 Ce^{4+} 在 Ce 3d 谱中的反褶积，可以计算出复合材料中 Ce^{3+}

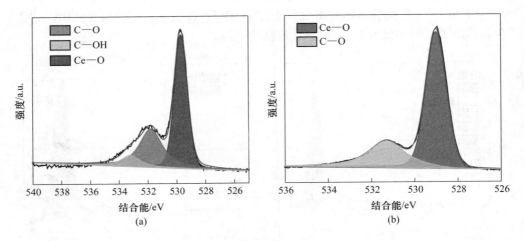

图 2-10 样品的 XPS O 1s 谱图

(a) HS-CeO$_2$/MWCNTs；(b) CeO$_2$ 纳米颗粒

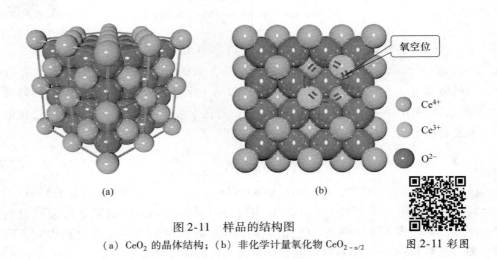

图 2-11 样品的结构图

(a) CeO$_2$ 的晶体结构；(b) 非化学计量氧化物 CeO$_{2-x/2}$

图 2-11 彩图

的浓度，公式（2-6）如下：

$$\frac{[Ce^{3+}]}{[Ce^{3+} + Ce^{4+}]} = \frac{\text{area}(V', U')}{\text{area}(\text{Total})} \tag{2-6}$$

加入功能化 MWCNTs 后，Ce^{3+} 浓度增加（21.85%），说明 HS-CeO$_2$/MWCNTs 电化学活性位点密度比 CeO$_2$ 纳米颗粒高（13.1%）（图 2-12）。较高的 Ce^{3+} 浓度可以有效促进 Ce^{3+}/Ce^{4+} 的氧化还原反应，提高体电导率，这对于材料的电化学应用是非常值得期待的[103]。

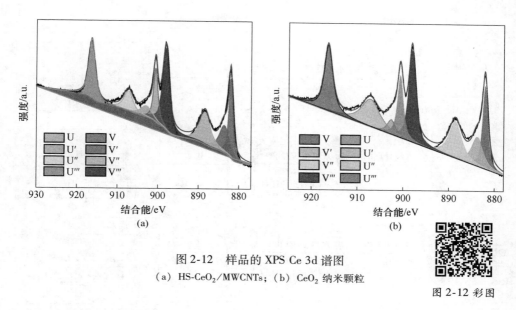

图 2-12 样品的 XPS Ce 3d 谱图
(a) HS-CeO$_2$/MWCNTs；(b) CeO$_2$ 纳米颗粒

图 2-12 彩图

2.3.2 形成机制

为了了解 HS-CeO$_2$/MWCNTs 的形成机制，我们首先探究了官能团（—OH 和 —COOH）在 MWCNTs 表面的作用，追踪中空球 CeO$_2$ 在 MWCNTs 表面的生长过程。实验过程如图 2-13 所示。在没有 MWCNTs 的情况下（图 2-13），可以得到 20～60nm 大小的 CeO$_2$ 纳米颗粒（图 2-14）。采用未改性的 MWCNTs 制备 CeO$_2$ 纳米颗粒/未改性的 MWCNTs 复合材料（图 2-15）。这些结果表明，未改性的 MWCNTs 对 CeO$_2$ 的形貌影响不大。当与 SMMWCNTs-1 结合时，在 MWCNTs 表面观察到中空球 CeO$_2$（图 2-16）出现。添加 SMMWCNTs-24 时，观察到 CeO$_2$ 包覆 MWCNTs（图 2-17）。通过 SEM 和 TEM 观察可以推测 MWCNTs 在体系中诱导中空球 CeO$_2$ 生成的反应机制。当反应体系中没有改性的 MWCNTs 添加或添加未改性的 MWCNTs 时，水热反应初期形成大量 CeO$_2$ 晶种，水热后期纳米晶的生长是以初期 CeO$_2$ 为活性成核位点，继续生长，所以导致大量 CeO$_2$ 的团聚现象；适量官能团时，MWCNTs 表面官能团固定了 CeO$_2$ 种子，MWCNTs 表面官能团有限，晶种在有限的官能团上成核生长，由于功能团较为集中，所以在一维 MWCNTs 上晶种继续生长，形成大直径中空的 CeO$_2$ 球；MWCNTs 表面大量官能团时，一维 MWCNTs 表面功能团较多，成核位点和生长相互竞争，导致晶种在 MWCNTs 均匀分布，最终形成 CeO$_2$ 包覆 MWCNTs 的复合材料。

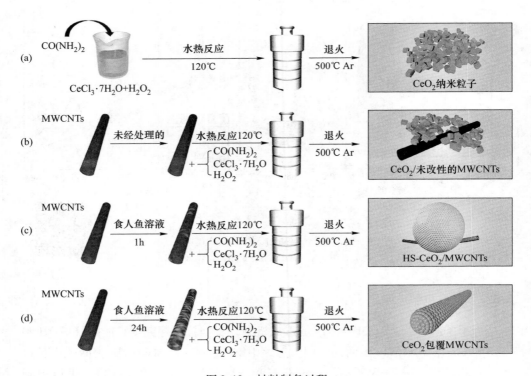

图 2-13 材料制备过程

(a) CeO_2 纳米颗粒；(b) CeO_2/未改性 MWCNTs；
(c) HS-CeO_2/MWCNTs；(d) CeO_2 包覆 MWCNTs

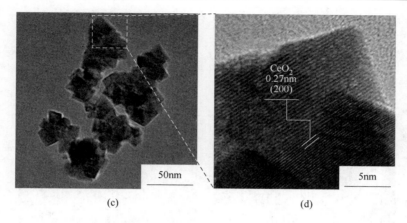

图 2-14 CeO$_2$ 纳米颗粒的形貌

(a) SEM；(b)~(d) TEM 图像

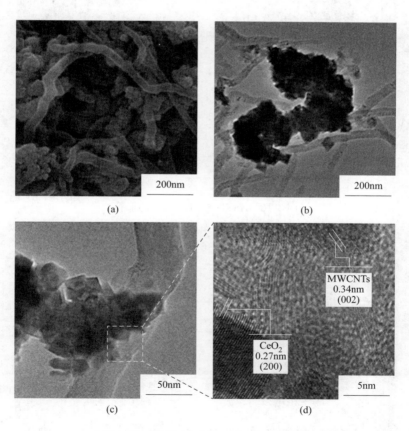

图 2-15 CeO$_2$/未改性 MWCNTs 的形貌

(a) SEM；(b)~(d) TEM 图像

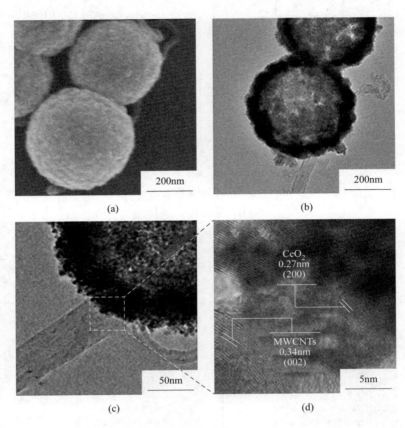

图 2-16　HS-CeO$_2$/MWCNTs 的形貌

(a) SEM；(b)~(d) TEM 图像

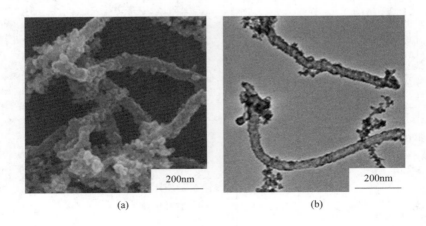

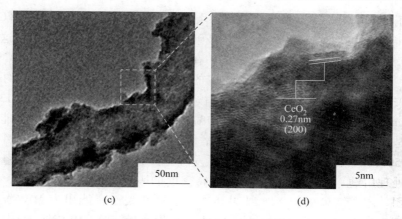

图 2-17 CeO$_2$ 包覆 MWCNTs 的形貌
(a) SEM；(b) ~ (d) TEM 图像

通过拉曼光谱估算 D 波段与 G 波段的强度比（I_D/I_G），可以看出表面改性对 MWCNTs 相对缺陷密度或无序程度的影响，如图 2-18 所示。未经过食人鱼洗液处理的 MWCNTs 的 I_D/I_G 强度值较小（I_D/I_G 值为 0.77，如图 2-18 中 MWCNTs 曲线所示），原始 MWCNTs 具有许多缺陷均来自 MWCNTs 的生产过程。对于 SMMWCNTs-1，其 I_D/I_G 强度比（1.02）高于原始的 MWCNTs，因为食人鱼洗液的氧化处理导致碳表面氧化，损伤表面碳上 sp^2 杂化碳共轭结构，增加 MWCNTs 的相对无序密度。原 MWCNTs 经长时间食人鱼溶液的强氧化酸处理后，其 I_D/I_G 强度比大大提高至 1.35。其原因是延长食人鱼洗液的处理时间，导致 MWCNTs 表面进一步氧化，改变 MWCNTs 的表面结构，增加了 MWCNTs 的无序密度。

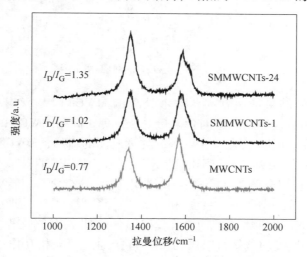

图 2-18 不同 MWCNTs 的拉曼谱图

利用 FT-IR 对 MWCNTs 表面官能团进行了进一步表征。原始 MWCNTs 的 FTIR 光谱（图 2-19）在 3450cm^{-1} 和 2920cm^{-1} 处呈现出重要的吸收带，这是由于 O—H 拉伸和 C—H 不对称拉伸造成的。在 1640cm^{-1} 处的峰归属于共轭 C=C 弯曲拉伸。事实上，1550cm^{-1} 和 1200cm^{-1} 的波段与在拉曼光谱中观察到的 G 和 D 波段有关。在 1445cm^{-1} 处观察到的小峰被认为是 MWCNT 所特有的。在 1391cm^{-1} 和 1097cm^{-1} 处的峰值分别归因于醇类和酚类的 C—O 拉伸。含 C—O 官能团的存在可能是由生产中所引起的。与此同时，SMMWCNTs-1 和 SMMWCNTs-24 样品在 3300~3500cm^{-1} 和 1600~1700cm^{-1} 周围发现更强吸收带，这意味着在经过食人鱼洗液处理后的 MWCNTs 表面存在更高密度的表面官能团，如羟基、羰基和羧基基团。这个结果也与 XPS 结果相吻合。这些表面官能团为 MWCNTs 与金属离子相互作用提供了活性位点。因此，它们有助于在 MWCNTs 的表面沉积纳米晶。

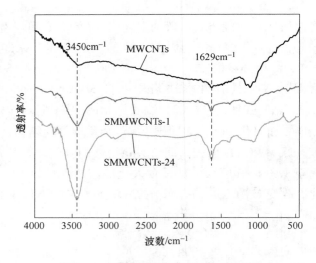

图 2-19　不同 MWCNTs 的 FT-IR 谱图

SEM 和 TEM 结果证明食人鱼洗液处理的 MWCNTs 是影响 CeO$_2$/MWCNTs 复合材料形貌的关键因素。不同食人鱼洗液处理时间的 MWCNTs XPS 全扫描谱图（图 2-20(a)）证明，随着 MWCNTs 处理时间的增加，MWCNTs 表面含氧量也同样增加。原始 MWCNTs、SMMWCNTs-1 和 SMMWCNTs-24 的 C 1s XPS 谱（图 2-20(b)）可以分解为 6 个峰：sp^2 杂化 C、sp^3 杂化 C、羟基（C—O）、羰基（C=O）、羧基（HO—C=O）和 π-π*。经食人鱼洗液处理后，含氧官能团和 [C(O)]/[C] 比值显著增加（图 2-20），表明表面氧化程度较高。因此，MWCNTs 中不同密度的含氧官能团与 Ce^{3+} 离子通过静电相互作用，在 MWCNTs 的表面吸附了更多的 Ce^{3+} 离子。

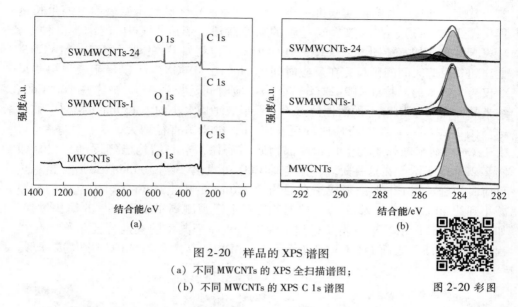

图 2-20 样品的 XPS 谱图
（a）不同 MWCNTs 的 XPS 全扫描谱图；
（b）不同 MWCNTs 的 XPS C 1s 谱图

通过 XPS 测定 MWCNTs 表面官能团（—OH 和—COOH）的密度可知，—OH 和—COOH 的密度随着氧化反应时间的延长而增加。因此，可以得出结论，不同的官能团密度诱导生成不同的复合材料形貌。MWCNTs 上官能团的密度是诱导 MWCNTs 表面形成中空球 CeO_2 的关键。此外，为了证明该合成方法的通用性，制备了中空球 CeO_2/活性炭（图 2-21(a)）和中空球 CeO_2/氧化石墨烯（图 2-21(b)）。如图 2-21 所示，所有产物均呈现中空球 CeO_2/碳基材料形态，说明采用表面功能化 MWCNTs 诱导 CeO_2 中空球形成的策略适用于中空球纳米 CeO_2/碳复合材料的制备。

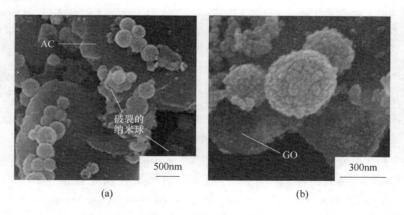

图 2-21 样品的 SEM 图
（a）中空球 CeO_2/活性炭复合材料的 SEM 图；（b）中空球 CeO_2/氧化石墨烯复合材料的 SEM 图

其次,通过生长时间实验进一步跟踪中空 CeO_2 在碳纳米管表面上的生长过程（图2-22(a)）,在水热生长过程的初始阶段,形成了 CeO_2 的纳米晶种子。MWCNTs 表面的官能团（—OH 和—COOH）可以将 CeO_2 的种子固定在 MWCNTs 上。随着反应时间的延长,在反应时间为 1h 时, MWCNTs 上已经生长出一些尺寸仅为几纳米的晶粒（图2-22(b)）。当反应时间延长到 3h 时,这些小的 CeO_2 纳米晶种在 MWCNTs 上的活性位点周围聚集成平均大小约为 150nm 的 CeO_2 纳米球（图2-22(c)）。随着反应时间延长至 5h,纳米球直径增大,值得注意的是,由于 CeO_2 纳米球外层的生长和内部物质的消耗,空心结构已经逐渐形成,如图2-22(d)所示。在这一阶段,中空球 CeO_2 的壁厚约为 100nm。最后,当水热反应时间延长到 12h 时,形成了直径约为 350nm 的中空球 CeO_2,中空球的壁厚减小到约 30nm（图2-22(e)）。综上所述,上述观测揭示了形态学的演化过程,如图2-21(a)所示。这一生长过程呈现出的是一个典型的奥斯特瓦尔德熟化过程。为了降低总表面能, CeO_2 纳米晶种在 MWCNTs 表面官能团处聚集成球形。

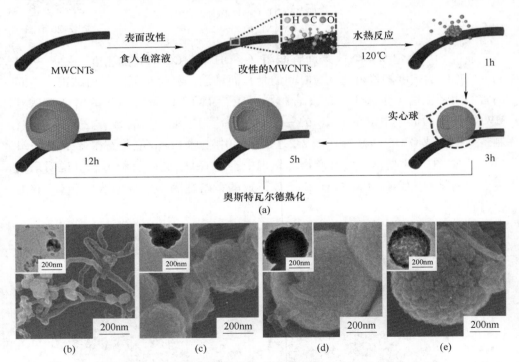

图2-22 不同水热时间中空球 CeO_2 在碳纳米管上的生长过程
(a) 中空球 CeO_2 在碳纳米管上生长示意图；(b) HS-CeO_2/MWCNTs 复合材料的
SEM 和 TEM 图 1h；(c) HS-CeO_2/MWCNTs 复合材料的 SEM 和 TEM 图 3h；
(d) HS-CeO_2/MWCNTs 复合材料的 SEM 和 TEM 图 5h；
(e) HS-CeO_2/MWCNTs 复合材料的 SEM 和 TEM 图 12h

在成核和生长初期形成的中心部位的晶体相对较小（图2-23（a）），表面能较高，而后期形成的外表面的晶体相对较大（图2-23（b））。由于较小的晶体与较大的晶体在界面能上存在显著差异，在中空球 CeO_2 生长过程中，较小的纳米晶容易在较大的纳米晶表面溶解和再沉积，导致较小的纳米晶消失，较大的颗粒进一步生长。最后，球体的内部较小的纳米晶通过溶解开始消失，形成中空球结构。

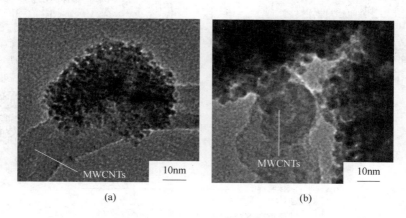

图2-23　样品的TEM图
（a）HS-CeO_2/MWCNTs水热生长初期TEM图像；（b）HS-CeO_2/MWCNTs

2.3.3　电化学行为

分散的一维MWCNTs穿插于三维中空球之中的独特结构，使HS-CeO_2/MWCNTs作为超级电容器电极的潜力巨大。为了深入了解HS-CeO_2/MWCNTs电极的电化学性能，用不同电流密度（0.5~10A/g）对电极材料进行恒电流充电/放电测试，电压范围0~0.5V，以此来探索动力学过程（图2-24）。HS-CeO_2/MWCNTs复合材料的放电曲线和 CeO_2 纳米颗粒在0.25~0.45V的电压范围呈现一个显著的从直线到平线的偏离，揭示赝电容电极材料的特性。在电流密度为0.5A/g、1A/g、2A/g、3A/g、5A/g和10A/g时，CeO_2 纳米颗粒的比电容分别为78.5F/g、65.9F/g、59.8F/g、56.4F/g、54.5F/g和50.8F/g，而HS-CeO_2/MWCNTs复合材料的比电容分别为450.5F/g、434.6F/g、431.9F/g、417.6F/g、406.9F/g和389.7F/g。与 CeO_2 纳米颗粒相比，HS-CeO_2/MWCNTs复合材料在相同电流密度下放电时间增加（图2-25），比电容增大。在0.5A/g电流密度下，HS-CeO_2/MWCNTs复合材料（450.5F/g）的比电容大约为 CeO_2 纳米颗粒（78.5F/g）的5.5倍。值得注意的是，HS-CeO_2/MWCNTs复合材料在10A/g时显示了389.7F/g的优异倍率性能。

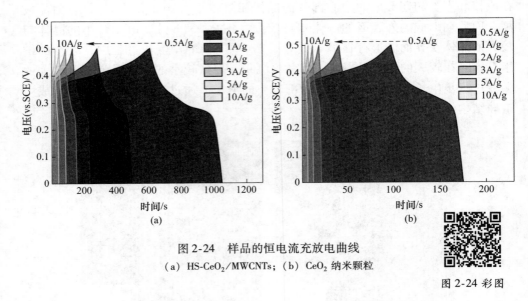

图 2-24　样品的恒电流充放电曲线
(a) HS-CeO$_2$/MWCNTs；(b) CeO$_2$ 纳米颗粒

图 2-24 彩图

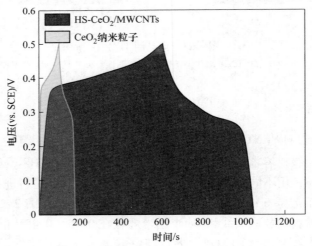

图 2-25　HS-CeO$_2$/MWCNTs 和 CeO$_2$ 纳米颗粒在电流密度为
0.5A/g 时的恒电流充放电曲线

  HS-CeO$_2$/MWCNTs 复合材料和 CeO$_2$ 纳米颗粒电极的比电容关系图如图 2-26 所示。可以看出，两个工作电极的比电容值随着电流密度的增大而减小，这可以归结为当电流密度较高时，电解液中的离子没有足够的时间达到活性物质的最大表面积[104]。与 CeO$_2$ 纳米颗粒相比，HS-CeO$_2$/MWCNTs 复合材料的容量随着电流密度的增大而降低。即使在 10A/g 的高电流密度下，HS-CeO$_2$/MWCNTs 复合材料的比电容为 389.7F/g，而 CeO_2 纳米颗粒的比电容仅为 50.8F/g。此外，HS-CeO_2/MWCNTs 复合材料在高电流密度 10A/g 时的容量保持率为在低电流密度 0.5A/g 时的 86.5%，而 CeO_2 纳米颗粒的容量保持率要低得多，为 65.2%。

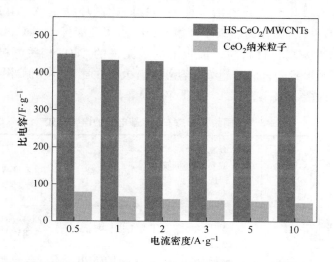

图 2-26　HS-CeO_2/MWCNTs 和 CeO_2 纳米颗粒的比电容和电流密度关系图

循环性能是超级电容器电极实际应用的另一个重要参数。图 2-27 为在电流密度为 10A/g 条件下的恒流充放电循环测试，用来检测 HS-CeO_2/MWCNTs 复合材料和 CeO_2 纳米颗粒作为电容器电极的循环性能。HS-CeO_2/MWCNTs 复合材料电极经过 5000 次循环后比电容达到 405.9F/g，容量略有衰减。相比之下，CeO_2

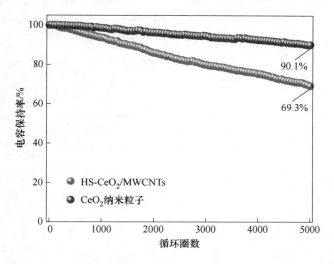

图 2-27　HS-CeO_2/MWCNTs 和 CeO_2 纳米颗粒在 10A/g 下的循环性能

纳米颗粒电极的 5000 次循环后比电容只有 54.4F/g。HS-CeO_2/MWCNTs 复合材料经 5000 次循环后的电容保持率为 90.1%，在 10A/g 时的电容保持率明显高于 CeO_2 纳米颗粒（5000 次循环后的电容保持率为 69.3%），说明 HS-CeO_2/MWCNTs 复合材料具有优异的倍率性能和良好的循环稳定性。上述事实表明，HS-CeO_2/MWCNTs 材料作为超级电容器电极的倍率性能优于 CeO_2 纳米颗粒。将 HS-CeO_2/MWCNTs 复合材料与之前报道的最先进的 CeO_2 相关电极进行详细对比，进一步证明了我们合成的超级电容器复合电极在比电容和循环性能方面具有优越的电化学性能（表 2-3）。

表 2-3 不同结构形态 CeO_2 基电极的电容比较

材料	比电容 /F·g^{-1}	电流密度（A/g 或 mA/cm^2）或扫描速率（mV/s）	电解液	电容保持率	参考文献
RGO/CNT/CeO_2	215	0.1A/g	1mol/L Na_2SO_4	1000 次循环后 85%	[98]
CeO_2/石墨烯	208	1A/g	3mol/L KOH	—	[105]
二氧化铈/石墨烯	185	2A/g	0.5mol/L Na_2SO_4	4000 次循环后 94.4%	[106]
CeO_2/Fe_2O_3	142.6	5mV/s	6mol/L KOH	1000 次循环后 94.8%	[107]
纳米 CeO_2/AC	162	2mA/cm^2	1mol/L H_2SO_4	1000 次循环后 99%	[108]
RGO/CeO_2	265	5mV/s	3mol/L KOH	1000 次循环后 96.2%	[109]
CeO_2/PPy	193	1A/g	1mol/L $NaNO_3$	500 次循环后 90%	[110]
(Ce-V) 混合氧化物	179	20mV/s	1mol/L $LiClO_4$	—	[111]
CeO_2 NSs	134.6	1A/g	1mol/L KOH	1000 次循环后 92.5%	[112]
石墨烯-二氧化铈	110	10mV/s	1mol/L H_2SO_4	—	[113]
多层级氧化铈	235	1A/g	2mol/L KOH	10000 次循环后 91%	[114]
CeO_2/GO	383	3A/g	6mol/L KOH	500 次循环后 86.05%	[115]

续表 2-3

材 料	比电容 /F·g^{-1}	电流密度 (A/g 或 mA/cm^2) 或扫描速率 (mV/s)	电解液	电容保持率	参考文献
NiO-CeO$_2$	305	1A/g	3mol/L KOH	1000 次循环后 91%	[116]
MnO$_2$/CeO$_2$	274.3	0.5A/g	3mol/L KOH	1000 次循环后 93.9%	[117]
HS-CeO$_2$/MWCNTs	450.5	0.5A/g	3mol/L KOH	2000 次循环后 96.3%	本章工作

然后用循环伏安法（CV）探究 HS-CeO$_2$/MWCNTs 电极的电荷存储行为。图 2-28(a) 和 (b) 分别为 HS-CeO$_2$/MWCNTs 电极和 CeO$_2$ 纳米颗粒电极在 5～100mV/s 不同扫描速率下的 CV 曲线。观察到的 CV 曲线对称，HS-CeO$_2$/MWCNTs 的阴极电位为 0.325V，阳极电位为 0.448V，CeO$_2$ 纳米颗粒电极的阴极电位为 0.325V，阳极电位为 0.460V。Ce^{3+} 与 Ce^{4+} 的氧化还原反应表明，CeO$_2$ 基样品具有典型的电池型电容特征，与 EDLCs 的矩形 CV 曲线有很大不同。KOH 水溶液中 CeO$_2$ 的电荷储存机理包括两个同步过程：表面吸附/脱附 K^{+}[118]；K^{+} 从 CeO$_2$ 电极插入/脱离。两个同步过程可表示为：

非法拉第过程： $(CeO_2)_{surface} + K^+ + e^- \rightleftharpoons (CeO_2K^+)_{surface}$ (2-7)

法拉第过程： $Ce^{IV}O_2 + K^+ + e^- \rightleftharpoons Ce^{III}OOK$ (2-8)

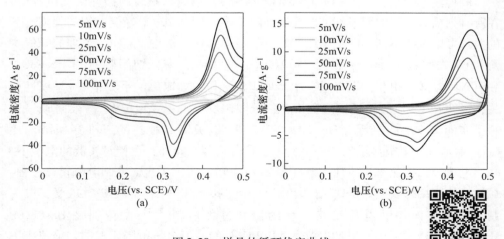

图 2-28 样品的循环伏安曲线
(a) HS-CeO$_2$/MWCNTs；(b) CeO$_2$ 纳米颗粒

总的来说,HS-CeO$_2$/MWCNTs 电极和 CeO$_2$ 纳米颗粒电极的响应电流随着扫描速率的增加而增大。值得注意的是,HS-CeO$_2$/MWCNTs 电极在每次扫描速率下的电流响应均高于 CeO$_2$ 纳米颗粒电极。HS-CeO$_2$/MWCNTs 电极在高电位处的响应电流较陡,等效串联电阻较低,是实现超级电容器功率密度较高的重要参数。并且 HS-CeO$_2$/MWCNTs 电极在相同扫描速率下 CV 曲线所包围的面积要比 CeO$_2$ 纳米颗粒电极大得多(图 2-29)。CV 曲线包围面积越大,比电容越大。这些结果证明,HS-CeO$_2$/MWCNTs 电极具有较高的电容量。

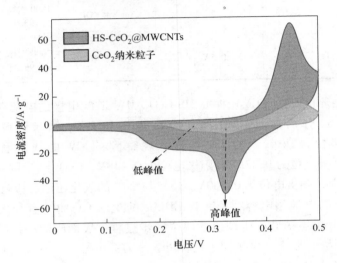

图 2-29　HS-CeO$_2$/MWCNTs 和 CeO$_2$ 纳米颗粒在 100mV/s 时的循环伏安曲线

值得注意的是,在 HS-CeO$_2$/MWCNTs 和 CeO$_2$ 纳米颗粒的循环伏安过程中,在所有扫描速率下的阴极都可以观察到两个峰(图 2-29),峰值电流与扫描速率的关系可以说明不同的电化学反应特征。从循环伏安法中(CVs)整理的峰值电流和 $v^{1/2}$ 之间的关系显示在图 2-30(a)中。可见,CeO$_2$ 纳米颗粒和 HS-CeO$_2$/MWCNTs 在较高电位的阴极过程中峰值电流 i 与扫描速率的平方根 $v^{1/2}$ 呈线性相关,说明在 CeO$_2$ 氧化还原过程中,扩散限制反应占主导地位[119]。根据 i-$v^{1/2}$ 的斜率如图 2-30(a)所示,HS-CeO$_2$/MWCNTs 电极因其独特的三维穿插结构比 CeO$_2$ 纳米颗粒电极显示出了一个更大的扩散系数。此外,在相对较低的电位下,峰值电流与扫描速率呈线性关系(图 2-30(b)),揭示了表面控制电荷转移过程。显然,这些结果表明,CeO$_2$ 纳米颗粒与 HS-CeO$_2$/MWCNTs 的电极反应受扩散控制反应和表面控制电荷转移过程的混合过程控制[120-121]。特别是 HS-CeO$_2$/MWCNTs 阴极过程中相对低电位(-0.14V)的峰值电压范围比相同扫描速率下 CeO$_2$ 纳米颗粒(-0.22V)的峰值电压范围宽(图 2-29)。HS-CeO$_2$/MWCNTs 在低电位下的阴极峰面积,特别是在高扫描速率下,大大增加了阴极峰的总面积,表明 HS-CeO$_2$/MWCNTs 具有良好的电荷存储能力。一般来说,表面控制反应是一个快速的过程,可以产生额外的容量和提高倍率性能。CVs 结果所揭示的较好的反应动力学是 HS-CeO$_2$/MWCNTs 电化学性能显著提高的原因。

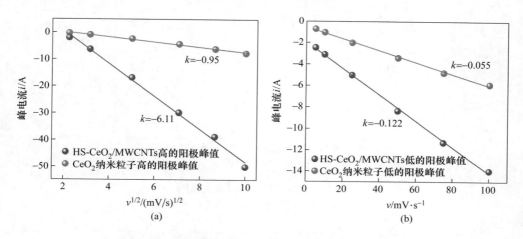

图 2-30　阴极峰电流与扫描速率的平方根线性关系图
(a) 高电位；(b) 低电位

根据 CV 曲线测量的扫描速率 (v) 与峰值电流 (i) 的关系,可以定性分析电容效应的程度：

$$i = av^b \tag{2-9}$$

式中,a 和 b 均为可调参数。b 的值在 0.5 到 1.0 之间,这是通过拟合 lg$i$ 和 lg$v$ 的线性关系计算出来的。众所周知,对于扩散控制的电荷存储机制 b 接近 0.5,而对于表面电容控制的过程 b 接近 1.0。如图 2-31 所示,HS-CeO$_2$/MWCNTs 电极的 b 值越高（0.88 vs. 0.76）,说明 HS-CeO$_2$/MWCNTs 的电容性动力学越强[122-125]。更具体地说,表面电容性和扩散控制的贡献可以根据以下关系定量表征：

$$i = k_1 v + k_2 v^{1/2} \tag{2-10}$$

式中,$k_1 v$ 和 $k_2 v^{1/2}$ 分别对应电容性贡献和扩散控制贡献,k_1 和 k_2 分别是电位的函数。在图 2-32(a) 和图 2-32(b) 中,通过将电流响应 i 与相应电压下的表面电容和扩散控制贡献分离,计算确定了在固定电压下电容对电流的贡献百分比。因此,当扫描速率为 10mV/s 时,HS-CeO$_2$/MWCNTs 电极的电容贡献占主导地位（79%）,远高于 CeO$_2$ 纳米颗粒电极的 62%。

图 2-33 比较了 HS-CeO$_2$/MWCNTs 电极 CeO$_2$ 纳米颗粒电极表面控制和扩散控制的贡献。HS-CeO$_2$/MWCNTs 的表面贡献在相同扫描速率下均高于 CeO$_2$ 纳米颗粒。随着扫描速率的增加,HS-CeO$_2$/MWCNTs 与 CeO$_2$ 纳米颗粒表面控制贡献

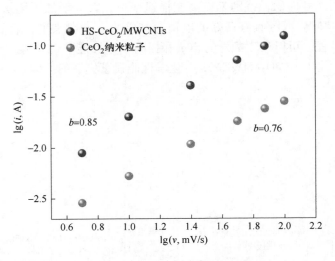

图 2-31 lg$i$ 和 lg$v$ 的线性关系图

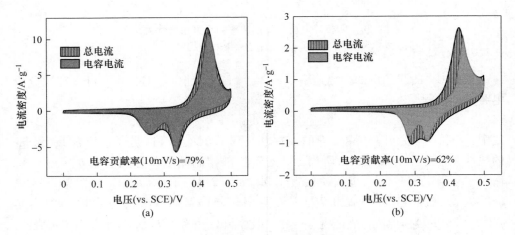

图 2-32 电极在 10mV/s 时的电容贡献
(a) HS-CeO$_2$/MWCNTs；(b) CeO$_2$ 纳米颗粒

的差异越来越大。这些结果证实了 HS-CeO$_2$/MWCNTs 电极具有先进的电荷存储能力。

制备的 HS-CeO$_2$/MWCNTs 电极材料之所以具有优异的电化学性能，是因为其独特的 3D 穿插结构和 MWCNTs 的掺入。为了进一步评价 MWCNTs 对电极过程动力学的促进作用，我们进行了电化学阻抗谱（EIS）分析（图 2-34）。通常，CeO$_2$ 纳米颗粒电极和 HS-CeO$_2$/MWCNTs 电极的 Nyquist 图在低频范围呈直线，在中高频段呈半圆。在低频区域，HS-CeO$_2$/MWCNTs 电极的直线斜率几乎平行

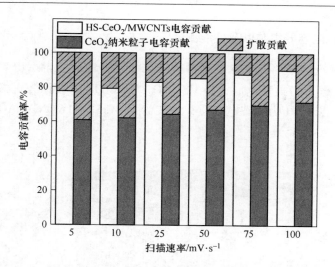

图 2-33 HS-CeO$_2$/MWCNTs 和 CeO$_2$ 纳米颗粒电极在不同扫描速率下的电容贡献

于 $-Z''$ 轴，说明 HS-CeO$_2$/MWCNTs 电极的扩散阻抗较小。一般认为，实轴上的高频中频截距主要由等效串联电阻（R_s）引起，而半圆一般归属于电荷转移电阻（R_{ct}）[126]。相比 CeO$_2$ 纳米颗粒电极（0.688Ω），HS-CeO$_2$/MWCNTs 显示了一个较小的 R_s（0.464Ω），这表明碳管可以有效地提高 HS-CeO$_2$/MWCNTs 的电子导电率。R_{ct} 是电极总电阻的主要贡献者，HS-CeO$_2$/MWCNTs 和 CeO$_2$ 纳米颗粒的总电阻分别为 1.3Ω 和 16.6Ω。较低的 R_{ct} 值进一步证实 HS-CeO$_2$/MWCNTs 在充放电过程中表现出较好的倍率性能动力学。

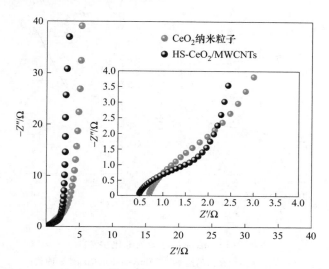

图 2-34 HS-CeO$_2$/MWCNTs 和 CeO$_2$ 纳米颗粒电极的电化学阻抗谱

2.3.4 不对称电容器组装以及性能测试

基于 HS-CeO$_2$/MWCNTs 电极材料的氧化还原特性和双电层电容的快速电荷转移特性，以碳布为柔性基底，将 HS-CeO$_2$/MWCNTs 电极作为正极和活性炭电极作为负极，以 KOH 为固态电解质，组装为 HS-CeO$_2$/MWCNTs//AC 非对称柔性超级电容器（图2-35）。

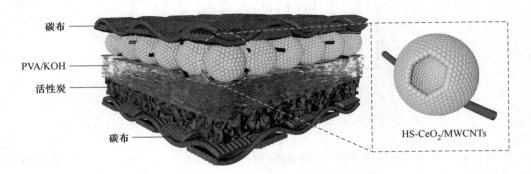

图 2-35 HS-CeO$_2$/MWCNTs//AC 的器件示意图

HS-CeO$_2$/MWCNTs 与活性炭的质量比应该遵循电荷平衡原则 $q^+ = q^-$。如图 2-36 所示，通过计算得出 AC 的准确比电容为 165.6F/g。因此，推算出 $m(\text{HS-CeO}_2/\text{MWCNTs})/m(\text{AC})$ 的最佳质量比为 1∶1.36，总负载量为 12.0mg。

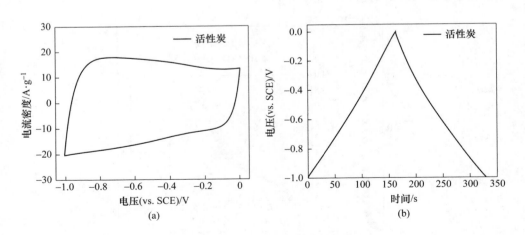

图 2-36 活性炭电极的电化学性能
(a) 活性炭电极在扫描速率为 100mV/s 下的循环伏安曲线；
(b) 活性炭电极在电流密度为 1A/g 下的恒流充放电曲线

在图 2-37 中显示了 HS-CeO$_2$/MWCNTs//AC 不对称电容器在 5~100mV/s 的不同扫描速率下的 CV 曲线，电压范围为 0~1.5V。结果表明，即使在 100mV/s 下 CV 曲线也能保持良好，表明该电容器件具有较低电阻和高倍率的性能。

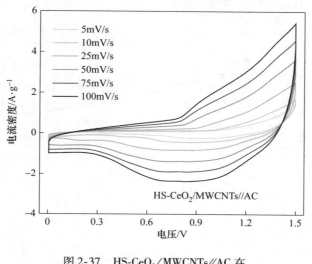

图 2-37　HS-CeO$_2$/MWCNTs//AC 在不同扫描速率下的循环伏安曲线

图 2-37 彩图

HS-CeO$_2$/MWCNTs//AC 非对称超级电容器装置的比电容由恒流充放电测试计算（图 2-38）。在 1A/g 的电流密度下，器件的比电容可以达到较高水平 86.9F/g。而比电容随电流密度的增大而减小，这是由于在高电流密度下造成充放电过程不

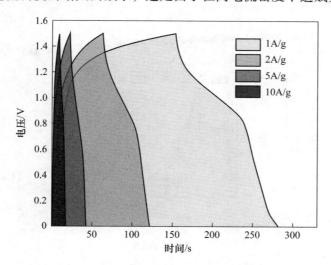

图 2-38　HS-CeO$_2$/MWCNTs//AC 在不同电流密度下的恒流充放电曲线

完全。不同电流密度下的 GCD 曲线形状几乎是对称的，所有曲线的电压平台几乎相同，说明氧化还原过程具有良好的可逆性，与 CV 结果非常接近。当电流密度为 10A/g 时，器件的比电容仍能达到 60F/g（图 2-39），为在 1A/g 时的 60.8%，表明其具有良好的倍率性能。

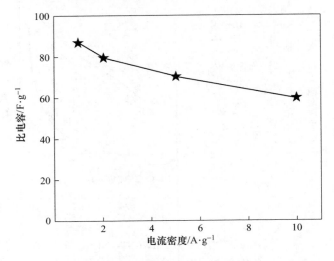

图 2-39　HS-CeO$_2$/MWCNTs//AC 在不同电流密度下的对应的比电容

为了考察了其循环性能，对 HS-CeO$_2$/MWCNTs//AC 不对称器件在 5A/g 下进行了循环试验（图 2-40）。而在全程的周期循环测试中，整个器件的比电容只出现了轻微的衰减，即使经过 2000 次循环，仍然能保持到初始比电容值的 91.3%。

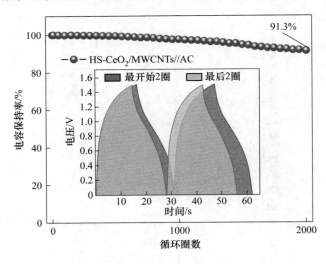

图 2-40　HS-CeO$_2$/MWCNTs//AC 的循环性能测试

同时，最后两个周期的充放电曲线进一步证实了所制备的 HS-CeO$_2$/MWCNTs//AC 非对称超级电容器具有优越的长期电化学稳定性。这种新型一维碳纳米管穿插于三维中空球 CeO$_2$ 的结构具有较高的循环稳定性，中空球的存在为防止反复充放电反应中体积变化提供了足够的空隙空间。此外，穿插在中空球 CeO$_2$ 中的多壁纳米碳不仅提供了氧化物材料所欠缺的导电性，而且在中空球 CeO$_2$ 之间形成了更好的连接，使结构更加稳定。

将功率密度和能量密度的关系绘制 Ragone 图来评估 HS-CeO$_2$/MWCNTs//AC 不对称超级电容器的应用价值，能量密度和功率密度通过方程 $E=0.5CV^2$ 和 $P=E/t$ 分别计算。式中，E 为能量密度，W·h/kg；P 为功率密度，W/kg；C 为非对称超级电容器的比电容，F/g；V 为设备的工作电压，V；t 为放电过程的时间，s。当功率密度为 0.73kW/kg 时，HS-CeO$_2$/MWCNTs//AC 不对称超级电容器的能量密度为 26.2W·h/kg，当功率密度为 10.6W/kg 时，能量密度为 14.9W·h/kg（图 2-41）。图 2-42 显示了串联的两个 HS-CeO$_2$/MWCNTs//AC 不对称超级电容器可以点亮 LED 阵列。

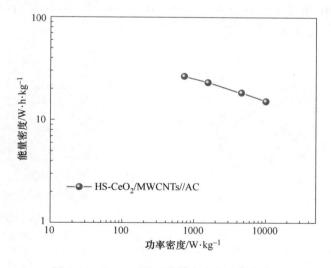

图 2-41　Ragone 图（能量密度与功率密度）

优异的电化学性能进一步证明了合理设计的 HS-CeO$_2$/MWCNTs 的巨大优势。与传统的 CeO$_2$ 基复合材料相比，HS-CeO$_2$/MWCNTs 的以下优点共同促进了其作为超级电容器电极材料的先进电化学性能（图 2-43）：(1) 分布良好的 MWCNTs 不仅能显著改善电子传递，还能有效降低 CeO$_2$ 纳米晶的平均尺寸，促进中空球 CeO$_2$ 的形成；(2) 中空球 CeO$_2$ 与 MWCNTs 之间的直接接触，可以在界面上产生更快更直接的电子转移，从而提高电化学性能；(3) HS-CeO$_2$/MWCNTs 中丰富的 Ce^{3+} 和 O$_{sur}$ 有利于快速扩散和反应；(4) 3D 中空球上分散的 1D MWCNTs 具

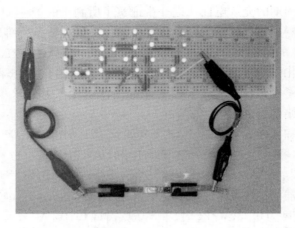

图 2-42　两个 HS-CeO$_2$/MWCNTs//AC 串联点亮 LED 灯阵列的数码照片

有独特的结构，电子扩散距离短，电解质与活性材料接触面积大，在氧化还原反应中具有较多的电化学活性位点。因此，HS-CeO$_2$/MWCNTs 复合材料电极相比于 CeO$_2$ 纳米颗粒电极比电容增强，速率性能优异。

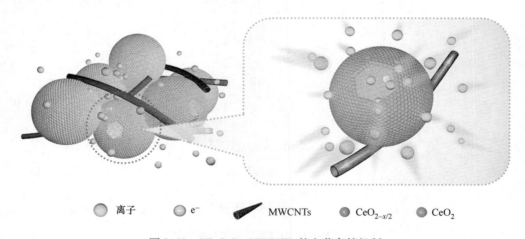

离子　　e$^-$　　MWCNTs　　CeO$_{2-x/2}$　　CeO$_2$

图 2-43　HS-CeO$_2$/MWCNTs 的电荷存储机制

2.4　结　　论

综上所述，通过调整 MWCNTs 上官能团密度，采用水热反应首次成功制备出具有新型三维穿插结构的中空球二氧化铈/多壁碳纳米管（HS-CeO$_2$/MWCNTs）复合材料。功能化 MWCNTs 的加入诱导中空球结构的形成，同时促进 HS-CeO$_2$/MWCNTs

复合材料的电子转移。新制备的中空球结构具有丰富的 Ce^{3+} 和 O_{sur}，可提供更多的法拉第活性位点。因此，在 HS-CeO_2/MWCNTs 电极材料中，由于其独特的 3D 穿插结构，含有丰富的中空球和导电碳纳米管，由此电荷存储能力显著提高。这项工作不仅可以为 CeO_2 的应用提供有用的信息，而且可以制定新的合成策略，设计和生产一些结构复杂、性能卓越的理想材料。

3 高性能正极材料 HHM-(β)Ni(OH)₂/MWCNTs 的制备及其电化学行为

3.1 引言

电化学能源存储装置因其在解决化石能源日益枯竭、环境污染和全球变暖等问题上的潜在应用而备受关注[127]。其中超级电容以其寿命长、速率性能好、充电速度快等独特优势的脱颖而出[128-129]。然而，较低的能量密度限制了传统超级电容器的进一步应用。因此，开发具有高能量存储性能的新型电极材料是超级电容器在实际应用的重要环节。迄今为止，过渡金属氧化物及氢氧化物[130-134]、过渡金属硫化物和导电聚合物等电极材料由于远高于传统的电双层电容器（EDLCs）的储能能力而被广泛研究[135-137]。氢氧化镍（$Ni(OH)_2$）由于具有高的地壳丰度、价格低廉、良好的电化学氧化还原活性、具有较大层间距的层状结构和较高的理论比电容，有望成为混合超级电容器的理想电极材料[138]。$Ni(OH)_2$有两种稳定的晶型：（α）$Ni(OH)_2$和（β）$Ni(OH)_2$。一般来说，在强碱性电解质中与比（α）$Ni(OH)_2$相比，（β）$Ni(OH)_2$具有更好的可逆性和结构稳定性，所以（β）$Ni(OH)_2$一直被期待具有令人满意的电化学性能[139]。然而，实验证明，由于分散不均匀、倍率性能差、电子导电性差等原因，使得（β）$Ni(OH)_2$作为电极材料在储能装置中的应用一直未能达到预期。解决这一问题的有效方法是用纳米级的粒子构建空心结构。值得一提的是，中空纳米结构的引入可以为过渡金属氢氧化物提供更多容易接触的法拉第活性位点从而增强材料的比电容[140]。因此，由于具有良好的性能，中空纳米结构的合理设计和可控合成在近些年来引起了人们的广泛关注。例如，Wang 等人提出了一种大规模的合成方法，将多壳层 Mn_2O_3 空心微球作为高性能的超级电容电极材料[141]。结果表明，多壳层 Mn_2O_3 空心微球创造电容量的新纪录。Liu 等人开发了一种分层 NiO/C 空心球复合材料，该材料同时具有优异的电化学性能[142]。

经典的中空结构纳米材料合成策略通常涉及各种表面活性剂的使用和去除，如硬模板（聚合物乳胶球或单分散二氧化硅）或软模板（乳液胶束和气泡）[143-146]。在理论上使用模板可以控制合成的中空结构材料的形貌，从而更好地控制局部的化学环境。然而，硬模板方法通常会遇到许多难以克服的障碍，如耗时、额外的经济消耗、模板的尺寸限制以及在去除模板过程中有害且复杂的程序。事实上，使用软模板可以消除或减少删除模板的困难，但仍然不能有效地解决耗时、尺寸限制等缺点。因此不使用任何模板合成中空结构是非常具有挑战性的。此外，(β)Ni(OH)$_2$导电率差的特性仍然是在优化性能过程中不可避免的挑战。提高(β)Ni(OH)$_2$基电极材料电化学性能最有效的方法之一是将(β)Ni(OH)$_2$主体与导电和柔韧结构的碳质材料复合。

一维多壁碳纳米管（MWCNTs）具有理论上超高的比表面积、良好的机械强度、高导电性和高化学稳定性等独特的物理化学性质[147-150]。特别是其一维结构和可调表面性能，使其成为理想电极材料异相生长的优良导电基体。这是因为MWCNTs上的羟基等表面官能团可以作为活性材料良好的成核位点。MWCNTs表面晶核的生长可以调节最终颗粒的微观结构和尺寸[151]。虽然已经报道了几个在MWCNTs上生长纳米晶的案例，MWCNTs分散在(β)Ni(OH)$_2$中空微球中从未被报道过。此外，MWCNTs良好的导电性对促进电化学反应中的电子传递具有重要意义。因此，中空微球(β)Ni(OH)$_2$与MWCNT的复合具有重要的应用前景。

本章中，通过一步无模板法制备分层级中空微球(β)Ni(OH)$_2$/多壁碳纳米管复合材料HHM-(β)Ni(OH)$_2$/MWCNTs。系统探究了HHM-(β)Ni(OH)$_2$/MWCNTs复合材料的形成过程及储能机理。由于其独特的分层级中空结构，制备的HHM-(β)Ni(OH)$_2$/MWCNTs复合材料具有优异的电化学性能。这项工作提供了一种简单而有效的策略合理构建HHM-(β)Ni(OH)$_2$/MWCNTs高性能电化学电容器的电极。

3.2 实验部分

3.2.1 实验原料

实验原料见表3-1。

表3-1 实验原料

原料	纯度	厂家
硝酸镍（Ni(NO$_3$)$_2$·6H$_2$O）	分析纯	Sinopharm Chemical Reagent Co., Ltd.
氢氧化钾（KOH）	分析纯	Sinopharm Chemical Reagent Co., Ltd.
尿素（CO(NH$_2$)$_2$）	分析纯	Sinopharm Chemical Reagent Co., Ltd.
无水乙醇（C$_2$H$_6$O）	分析纯	Sinopharm Chemical Reagent Co., Ltd.

续表 3-1

原　料	纯度	厂　家
聚四氟乙烯（PTFE）	分析纯	Shanghai Mackin Biochemical Co., Ltd.
过氧化氢（H_2O_2）	分析纯	国药集团化学试剂有限公司
浓硫酸（H_2SO_4）	分析纯	沈阳圣峰高压气体有限公司
多壁纳米碳管（MWCNTs）	分析纯	深圳市纳米技术有限公司

3.2.2　实验仪器

实验仪器见表 3-2。

表 3-2　实验仪器

仪　器　名　称	仪　器　型　号
拉曼（Raman）光谱仪	Renishaw Confocal Micro-Raman Spectrometer
扫描电子显微镜（SEM）	Hitachi SU8000
X 射线粉末衍射（XRD）仪	Bruker AXS D8 ADVANCE X
热重-差热分析（TGA）仪	Perkin-Elmer Pyrisl TGA7
透射电子显微镜（TEM）	JEOL JEM-2100
X 射线光电子能谱（XPS）仪	ESCALAB Mk Ⅱ
鼓风干燥箱	上海恒一 DHG-9030A
真空管式炉	合肥科晶 OTF-1200X
磁力搅拌器	JOANLAB HS-17
电化学工作站	上海辰华 CHI660

3.2.3　样品的制备

3.2.3.1　表面修饰的多壁碳纳米管的制备

称取 0.6g MWCNTs 加入 80℃ 的食人鱼溶液（30mL 30% H_2O_2 和 70mL 浓 H_2SO_4 的混合物）中，在磁力搅拌下搅拌处理 1h。收集表面改性后的 MWCNTs 样品，用蒸馏水和无水乙醇冲洗数次，然后在 80℃ 的鼓风干燥箱中干燥 12h，获得黑色样品。

3.2.3.2　纯(β)Ni(OH)$_2$ 的制备

将硝酸镍（Ni(NO$_3$)$_2$·6H$_2$O）（0.09g）和尿素（0.06g）分散于 30mL 去离

子水中，超声处理 2h。然后，将前驱体溶液转移到 50mL 聚四氟乙烯内衬的不锈钢高压釜中。在 180℃ 的烘箱中水热生长 12h。反应结束后，冷却不锈钢反应釜至室温。将所得沉淀物用去离子水和无水乙醇反复洗涤数次，后置于鼓风干燥箱中，80℃ 条件下干燥过夜。

3.2.3.3　HHM-(β)Ni(OH)$_2$/MWCNTs 复合材料的制备

将表面修饰 1h 的多壁碳纳米管（0.005g）、(Ni(OH)$_2$·6H$_2$O)（0.09g）和尿素（0.06g）分散于 30mL 去离子水中，超声处理 2h。然后，将前驱体溶液转移到 50mL 聚四氟乙烯内衬的不锈钢高压釜中，在 180℃ 的烘箱中水热生长 12h。反应结束后，冷却不锈钢反应釜至室温。将所得沉淀物用去离子水和无水乙醇反复洗涤数次，后置于鼓风干燥箱中，80℃ 条件下干燥过夜。

3.2.4　样品的特征

通过 X 射线粉末衍射（XRD, Bruker D8 Advance）对所制备的复合材料进行了测定。XRD 谱图的记录使用铜靶和 Kα（$\lambda = 1.5406 \times 10^{-10}$m）辐射，扫描从 10°～80°，速度为 2(°)/min。拉曼光谱是利用 Renishaw 共聚焦显微拉曼光谱仪获得的，该光谱仪配备了 HeNe（633nm）激光器，激光以 10% 的功率工作。采用扫描电镜（SEM, Hitachi SU8000）观察合成材料的形貌。用透射电镜（TEM, JEOL JEM-2100）对制备的粉体在 200kV 加速电压下的微观结构进行了进一步的研究。X 射线光电子能谱（XPS）通过 ESCALAB Mk Ⅱ 分光计对复合材料的元素组成进行研究。采用 Brunauer-Emmett-Teller（BET）分析方法，根据氮气吸附/解吸等温线（ASAP 2020 分析仪）计算样品比表面积。利用 Barrett-Joyner-Halenda（BJH）模型从解吸分支出发，分析了孔的尺寸分布。在升温速率为 10℃/min 的空气气氛中进行热重分析（TA Instruments, Q500）。

3.2.5　电化学特征

通常情况下，将活性材料（质量分数为 80%）、导电炭黑（质量分数为 10%）和 PTFE（质量分数为 10%）分散在无水乙醇中，用玛瑙研钵研磨 2h，后置于 60℃ 鼓风干燥箱中干燥过夜。2～3mL 样品涂覆在泡沫镍衬底（1cm×1cm）作为工作电极。所有的测试包括循环伏安法（CV）、电化学阻抗谱（EIS）和恒流充放电测试（GCD）都是在 6mol/L KOH 水溶液中通过 CHI 660d 电化学工作站进行的。铂电极和饱和甘汞电极分别作为对电极和参比电极。比电容（C）由公式（3-1）计算：

$$C = \frac{I \times \Delta t}{m \times \Delta V} \tag{3-1}$$

式中，C 为质量比电容，F/g；I 为放电电流，A；Δt 为放电时间，s；ΔV 为放电时的电压窗口，V；m 为电极中活性材料的质量，g。

3.2.6 不对称电容器的组装

采用双电极测试系统对纽扣电池型超级电容器的电化学测量结果进行探究。以制备的 HHM-(β)Ni(OH)$_2$/MWCNTs 复合材料为正极，活性炭为负极，组装成非对称超级电容器装置。采用上文提到的工艺制备了工作电极，将聚丙烯膜用作电容器隔膜，6mol/L KOH 作为电解液。在三电极体系中对活性炭的电化学性能进行测评。正负电极的质量比由下式决定：

$$\frac{m_+}{m_-} = \frac{C_- \times \Delta V_-}{C_+ \times \Delta V_+} \tag{3-2}$$

式中，m 为制备的电极材料的质量，g；C 为活性材料的比电容，F/g；ΔV 为电压窗口，V。根据电荷平衡方程，计算 HHM-(β)Ni(OH)$_2$/MWCNTs 与 AC 的最优质量比为 1∶4.6。能量密度 E（W·h/kg）和功率密度 P（W/kg）由式(3-3) 和式 (3-4) 计算：

$$E = \frac{1}{2}CV^2 \tag{3-3}$$

$$P = \frac{E}{\Delta t} \tag{3-4}$$

式中，C 为组装的 HHM-(β)Ni(OH)$_2$/MWCNTs//AC 不对称电容器的比电容，F/g；V 为电压窗口，V；Δt 为放电时间，s。

3.3 结果与讨论

HHM-(β)Ni(OH)$_2$/MWCNTs 复合材料的详细制备过程示意图如图 3-1 所示。本章采用水热法制备了 HHM-(β)Ni(OH)$_2$/MWCNTs 复合材料。如图 3-1 所示，新制备的 HHM-(β)Ni(OH)$_2$/MWCNTs 复合材料，结合了三维中空球和阵列结构的特点，呈现出独特的结构。合理设计的结构具有以下优点：(1) 分层级中空微球(β)Ni(OH)$_2$/MWCNTs 可能提供更高的表面积和离子扩散路径，从而增加了更多的可接触的法拉第活性位点[140]；(2) MWCNTs 作为电子传输网络，不仅可以大大提高复合材料的导电性，还可以提高中空微球的结构稳定性，从而进一步提高电化学性能；(3) (β)Ni(OH)$_2$ 的分层级多孔中空微球结构和高导电性的 MWCNTs 都可以削弱充放电过程中(β)Ni(OH)$_2$ 体积的变化，从而具有良好的循环稳定性。综合以上所述的优点，新制备的具有独特结构的 HHM-(β)Ni(OH)$_2$/MWCNTs 可能具有较高的比电容和较长的循环寿命。

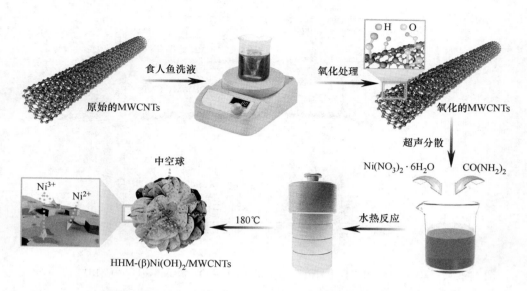

图 3-1　HHM-(β)Ni(OH)₂/MWCNTs 复合材料的制备过程

3.3.1　材料特征

通过 X 射线粉末衍射对 MWCNTs、HHM-(β)Ni(OH)₂/MWCNTs 和纯(β)Ni(OH)₂ 晶体结构和相纯度进行研究。如图 3-2 所示，MWCNTs 的衍射峰位置与先前报道的相一致。HHM-(β)Ni(OH)₂/MWCNTs 和纯(β)Ni(OH)₂ 的主要衍射峰出现在 19.3°(001)、33.1°(100)、38.5°(101)、52.1°(102)、59.1°(110) 和 62.7°(111)。这些特征峰与水镍石结构（(β)Ni(OH)₂（JCPDS card No. 14-0117））相一致[138]。根据 TG 测试结果计算 HHM-(β)Ni(OH)₂/MWCNTs 中的碳含量约为 17.9%（图 3-3）。因此，在 HHM-(β)Ni(OH)₂/MWCNTs 中相对较低的含量和衍射强度，导致在 XRD 谱图中没有明显的衍射峰存在。

为了确认 XRD 的结果并进一步了解产物中多壁纳米碳管的电子结构，通过拉曼光谱对表面修饰的多壁纳米碳管进行测试，如图 3-4 所示。在两个样品的拉曼光谱中均观察到典型的 D 峰（约 1350cm^{-1}）和 G 峰（约 1576cm^{-1}）。D 峰与碳材料中无序或缺陷结构相关，G 峰提供 sp²-C 在平面上键的拉伸运动信息。通过计算 I_D/I_G 率得出 HHM-(β)Ni(OH)₂/MWCNTs 的值约为 1.23，而多壁碳纳米管约为 1.02。HHM-(β)Ni(OH)₂/MWCNTs 较高的 I_D/I_G 率（1.23）进一步确认了(β)Ni(OH)₂ 嵌在多壁纳米碳管的表面[152]。

通过扫描电子显微镜和透射电子显微镜技术对 HHM-(β)Ni(OH)₂/MWCNTs 和纯(β)Ni(OH)₂ 的形态学特征进行表征，结果如图 3-5 所示。在图 3-5(a)中，

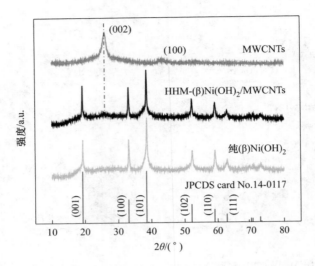

图 3-2　MWCNTs、HHM-(β)Ni(OH)$_2$/MWCNTs 和纯(β)Ni(OH)$_2$ 的 XRD 谱图

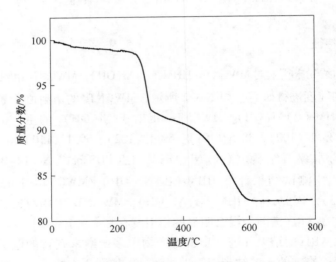

图 3-3　HHM-(β)Ni(OH)$_2$/MWCNTs 的 TG 曲线

HHM-(β)Ni(OH)$_2$/MWCNTs 呈现出由纳米片构建松散和多孔纳米球状结构。在纳米薄片的表面被一些纳米颗粒覆盖（图 3-5(b)）。HHM-(β)Ni(OH)$_2$/MWCNTs 的平均直径约为 3.5μm。球体中心部位的白空腔和黑边的对比强烈，证实了中空微球结构的存在（图 3-5(e)）。HHM-(β)Ni(OH)$_2$/MWCNTs 复合材料的壁厚大约是 1μm。通过上述结果推测 HHM-(β)Ni(OH)$_2$/MWCNTs 复合材料主要由纳米片自团聚形成。从图 3-5(f)可以观察到明显的晶格条纹，晶格间

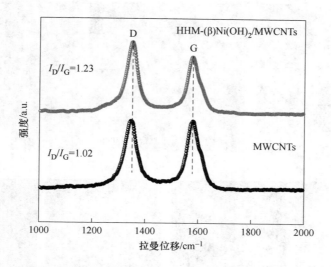

图 3-4　MWCNTs 和 HHM-(β)Ni(OH)$_2$/MWCNTs 的 Raman 谱图

距约为 0.175nm，与水镍石型(β)Ni(OH)$_2$ 的 (102) 晶面相一致。相比之下，图 3-5(c) 和图 3-5(d) 显示在相同实验条件下未添加多壁纳米碳管制备出纯 (β)Ni(OH)$_2$ 的扫描电镜图像。产物呈现严重堆叠的片状结构，未发现微球结构。上述结果表明，采用表面改性的多壁纳米碳管可以促进形成空心微球结构。

采用 Energy Dispersive X-ray spectroscopy (EDX) 元素映射技术对 HHM-(β)Ni(OH)$_2$/MWCNTs 复合材料的组成分布进行了测试。图 3-5(g) 为三色图像，分别对应 Ni、O、C 三种不同的元素。这些图像显示，C、Ni 和 O 在 HHM-(β)Ni(OH)$_2$/MWCNTs 复合材料中分布良好。EDX 光谱还显示 HHM-(β)Ni(OH)$_2$/MWCNTs 由 C、O 和 Ni 组成，与 HHM-(β)Ni(OH)$_2$/MWCNTs 纳米复合材料的成分一致。

图 3-5 样品的形貌表征
(a)(b) HHM-(β)Ni(OH)$_2$/MWCNTs 的 SEM 图像;
(c)(d) 纯(β)Ni(OH)$_2$ 的 SEM 图像;
(e)(f) HHM-(β)Ni(OH)$_2$/MWCNTs 的 TEM 图像;
(g) HHM-(β)Ni(OH)$_2$/MWCNTs 的 EDX 谱图

图 3-5 彩图

通过 N_2 吸脱附等温线在 77K 条件下对 HHM-(β)Ni(OH)$_2$/MWCNTs 复合材料进行测试,进一步研究材料的比表面积和多孔结构。从图 3-6 可以看出,HHM-(β)Ni(OH)$_2$/MWCNTs 样品呈现出典型等温线曲线,图 3-6 的内插图绘制出了相应的孔隙大小分布曲线。图 3-6 显示了一个明显的具有介孔特征的迟滞回线。通过 BET 分析计算得出 HHM-(β)Ni(OH)$_2$/MWCNTs 复合材料的表面积为 128.9m^2/g。HHM-(β)Ni(OH)$_2$/MWCNTs 拥有较高的比表面积,这可以说明该复合材料与电解液接触面积大,极大缩短离子传递路径,有利于达到高比电容[153]。解吸孔径分布曲线 (BJH) 显示的范围在孔径 2~17nm,主要是 HHM-(β)Ni(OH)$_2$ 结构贡献的中孔。HHM-(β)Ni(OH)$_2$/MWCNTs 中存在大量的中孔。这些中孔适合离子和电子在充放电过程中的传输。

为了进一步分析复合材料的组成信息和复合材料中 Ni(OH)$_2$ 与 MWCNTs 的相互作用,采用 X 射线光电子谱进行表征。从图 3-8(a) 可以发现,在 HMM-(β)Ni(OH)$_2$/MWCNTs 复合材料的 XPS 全扫描光谱中检测出 C、O 和 Ni 元

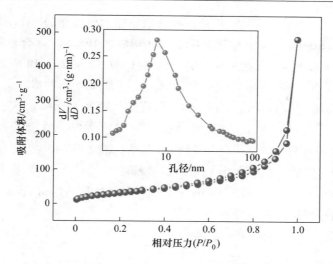

图 3-6　HHM-(β)Ni(OH)$_2$/MWCNTs 的氮气吸脱附曲线

（内插图为孔径分布图）

素的存在。结合上文中提及的 Raman 与 SEM 的测试结果，HMM-(β)Ni(OH)$_2$/MWCNTs 复合材料 C 1s 峰强度要远高于纯(β)Ni(OH)$_2$ 的 C 1s 峰（图3-7），这个结果说明了在 HMM-(β)Ni(OH)$_2$/MWCNTs 复合材料中存在 MWCNTs。图 3-8(b)表示 HMM-(β)Ni(OH)$_2$/MWCNTs 复合材料的高分辨 C 1s 图谱，在 284.3eV 处的峰指示 sp^2-杂化石墨状碳原子，在 285.0eV 处的峰指示 sp^3-杂化碳原子，在 285.5eV 处的峰对应着羟基基团（C—OH）中的碳原子，在 289.1eV 处的峰指示着羰基基团（C=O）中的碳原子，在 290.2eV 处的峰对应着羧酸基团（HO—C=O）

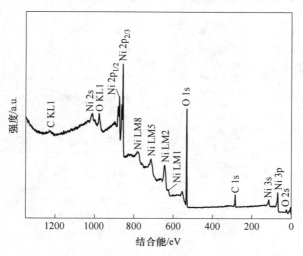

图 3-7　纯(β)Ni(OH)$_2$ 的 XPS 全扫描谱图

中的碳原子[152]。羟基、羧基和羰基这些含氧官能团可以作为 Ni(OH)$_2$ 晶种的有利成核位点。图 3-8(c) 表示为 HMM-(β)Ni(OH)$_2$/MWCNTs 复合材料的 Ni 2p 谱图。在 856.3eV 和 873.9eV 处的结合能特征峰分别对应 Ni 2p$_{3/2}$ 和 Ni 2p$_{1/2}$ 自旋-轨道。此外在图 3-8(c) 中还可以观察到 Ni 2p$_{3/2}$（862.2eV）和 Ni 2p$_{1/2}$（879.9eV）卫星峰，它们对应为 Ni(OH)$_2$ 的 Ni 相。自旋能间距为 17.6eV，这也是 Ni(OH)$_2$ 的特征之一[152,155]。图 3-8(d) 为 HMM-(β)Ni(OH)$_2$/MWCNTs 复合材料的高分辨 O 1s 图谱，其中含有 3 种氧。O 1s 峰在较低结合能 530.9eV 处的 Ni—O 是典型的金属—氧键。然而，在 531.6eV 处的拟合峰通常描述为 OH$^-$ 基团中的氧。此外，在 532.2eV 处的拟合峰与 HMM-(β)Ni(OH)$_2$/MWCNTs 复合材料接近表面的化学吸附和物理吸附水多重性有关[154-156]。

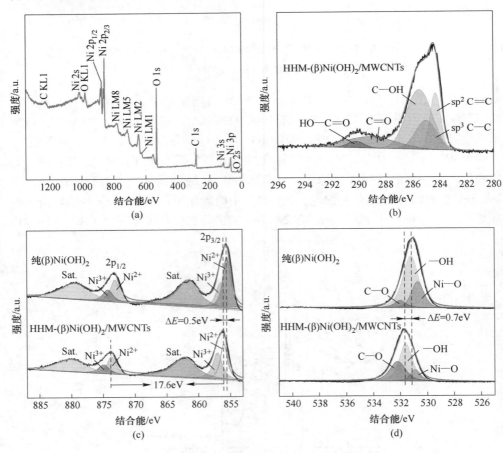

图 3-8　HHM-(β)Ni(OH)$_2$/MWCNTs 的 XPS 谱图

(a) HHM-(β)Ni(OH)$_2$/MWCNTs 的 XPS 全扫描谱图；(b) C 1s；(c) Ni 2p；
(d) O 1s 高分辨 XPS 谱图

3.3.2 形成机制

为了进一步了解 Ni(OH)$_2$ 的相转换,首先探讨不同水热时间下 HHM-(β)Ni(OH)$_2$/MWCNTs 复合材料的 XRD 和 Raman 谱图,如图 3-9 所示。当制备 HHM-(β)Ni(OH)$_2$/MWCNTs 复合材料的水热时间为 1h 时,除了 MWCNTs 的特征峰还可以观察到 (α)Ni(OH)$_2$ 的非常强的衍射峰,由此可以得出这样的结论:Ni^{2+} 吸附在多壁纳米碳管表面的成核位点上,在水热反应的初始阶段优先生成 (α)Ni(OH)$_2$。水热反应 4h 后,在 XRD 谱图上可以观察到 (α)Ni(OH)$_2$ 与 (β)Ni(OH)$_2$ 同时存在。主要的衍射峰出现在 19.3°(001)、33.1°(100)、38.5°(101)、52.1°(102)、59.1°(110) 和 62.7°(111),与 β-相 Ni(OH)$_2$ 一致[138]。随着水热反应时间进一步延长到 8h,(α)Ni(OH)$_2$ 的 XRD 衍射峰完全消失,图中仅存有 (β)Ni(OH)$_2$ 的衍射峰说明反应体系中早期生成的 (α)Ni(OH)$_2$ 完全转化为 (β)Ni(OH)$_2$。随着反应时间进一步延长,(α)Ni(OH)$_2$ 完全消失。通过 Raman 谱图可以知道,反应进行到 8h 时,在 3650cm^{-1} 处的峰完全消失,这与 Ni(OH)$_2$ 外层游离 OH$^-$ 基团的拉伸有关。晶体表面的 OH$^-$ 基团比晶体中的 OH$^-$ 基团更容易发生振动。上述的研究结果表明,Ni(OH)$_2$ 在水热反应的初级阶段首先在 MWCNTs 的表面成核生长形成 (α)Ni(OH)$_2$,随反应时间延长,(α)Ni(OH)$_2$ 逐渐转化为 (β)Ni(OH)$_2$,最终生成 HHM-(β)Ni(OH)$_2$/MWCNTs 复合材料。

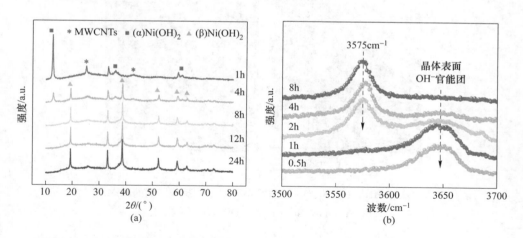

图 3-9 不同反应时间 HHM-(β)Ni(OH)$_2$/MWCNTs 的 XRD 和 Raman 谱图
(a) XRD 谱图;(b) Raman 谱图

此外,通过水热反应时间对比实验进一步跟踪 HHM-(β)Ni(OH)$_2$/MWCNTs 复合材料的形貌详细生长过程。图 3-10 显示 HHM-(β)Ni(OH)$_2$/MWCNTs 在 180℃条件下不同水热时间(1h、4h、8h、12h 和 24h)的 SEM 图,提供了

HHM-(β)Ni(OH)$_2$/MWCNTs 复合材料的形态演化。反应时间为 1h 时，形成了 Ni(OH)$_2$ 纳米薄片/多壁纳米碳管复合微球，且无明显的局部形貌变化（图 3-10(a)）。直至 4h（图 3-10(b)），可以观察出复合微球上 Ni(OH)$_2$ 纳米薄片的厚度变得更大。进一步延长水热时间至 8h 后，Ni(OH)$_2$ 纳米薄片继续生长，表面开始被一些纳米颗粒覆盖（图 3-10(c)）。从 8~12h，Ni(OH)$_2$ 纳米薄片表面上纳米颗粒开始变得越来越大，最终形成 HHM-(β)Ni(OH)$_2$/MWCNTs 复合材料（图 3-10(d)）。更值得注意的是，当反应时间延长到 24h 时，Ni(OH)$_2$ 纳米片上的纳米颗粒逐渐变大形成严重的团聚，如图 3-10(e)所示。上述 SEM 图像揭示了 HHM-(β)Ni(OH)$_2$/MWCNTs 多孔纳米薄片微球形态演化过程。

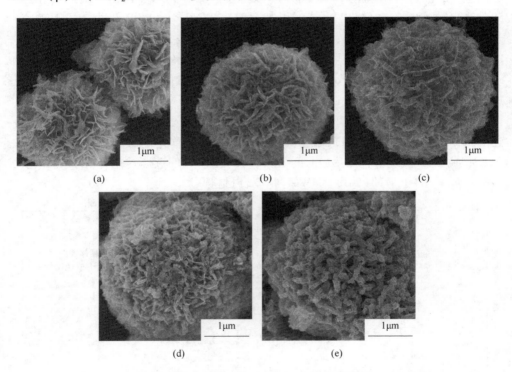

图 3-10 HHM-(β)Ni(OH)$_2$/MWCNTs 在不同反应时间的 SEM 图
(a) 1h；(b) 4h；(c) 8h；(d) 12h；(e) 24h

其次，通过对制备的样品相关时间实验进行检测，研究中空微球的实际演化过程，如图 3-11 所示。为了降低总界面能，在水热过程的初始阶段，Ni(OH)$_2$ 晶体聚集成微球形态（图 3-12(a)）。当反应时间延长到 4h 时，Ni(OH)$_2$ 纳米薄片/多壁纳米碳管复合微球的直径逐渐增大（图 3-12(b)）。延长反应时间至 8h，团簇的直径增加，值得注意的是，由于外部的增长和内部物质消耗 HHM-(β)Ni(OH)$_2$/MWCNTs 复合材料的中心空腔结构已经开始形成，如图

3-12(c)所示。在这个阶段，HHM-(β)Ni(OH)$_2$/MWCNTs 复合材料中空微球球体的壁厚大约是 1.5μm。最后，当水热反应的时间延长到 12h 时，HHM-(β)Ni(OH)$_2$/MWCNTs 复合材料中空微球球体的直径扩大至 3.5μm，而中空微球复合材料的壁厚减小到 1μm（图 3-12(d) 和图 3-13）。上述 TEM 图像的观测结果揭示 HHM-(β)Ni(OH)$_2$/MWCNTs 复合材料在形态上的演化过程，如图 3-14 所示。这一生长过程显示了一个典型的奥斯特瓦尔德熟化过程。

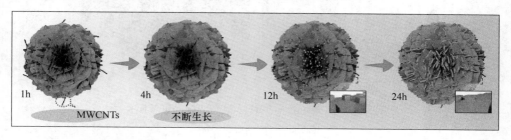

图 3-11　HHM-(β)Ni(OH)$_2$/MWCNTs 在不同反应时间的生长机理图

图 3-12　HHM-(β)Ni(OH)$_2$/MWCNTs 在反应时间的 TEM 图
(a) 1h；(b) 4h；(c) 8h；(d) 12h

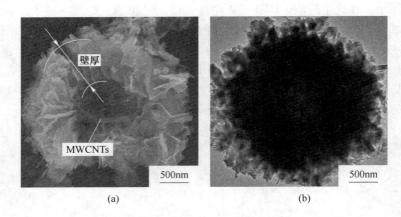

图 3-13 HHM-(β)Ni(OH)$_2$/MWCNTs 的电镜照片

(a) SEM 图；(b) TEM 图

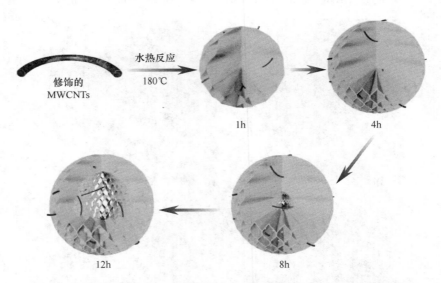

图 3-14 HHM-(β)Ni(OH)$_2$/MWCNTs 中空结构在不同反应时间的形态演化图

3.3.3 电化学行为

分散的一维多壁纳米碳管穿插在分层级中空纳米微球中的独特结构使得 HHM-(β)Ni(OH)$_2$/MWCNTs 复合材料在作为高效的超级电容器电极中展现出巨大的潜力。为了深入了解制备的 HHM-(β)Ni(OH)$_2$/MWCNTs 电极的电化学性能，采用恒流充放电测量方法，研究了 HHM-(β)Ni(OH)$_2$/MWCNTs 电极在

0~0.6V 电压范围内不同电流密度下（1~20A/g）的动力学过程（图3-15(a)）。从 HHM-(β)Ni(OH)$_2$/MWCNTs 电极和纯(β)Ni(OH)$_2$ 电极的恒流充放电曲线（图3-15(b)）可以看出在 0.35~0.45V 的电压范围内，放电曲线呈现一个显著的从直线到平线的偏离，揭示了电池型电极材料的特性。HHM-(β)Ni(OH)$_2$/MWCNTs 电极在电流密度为 1A/g、2A/g、5A/g、10A/g、15A/g、20A/g 条件下的比电容分别为 1533.1F/g、1456.3F/g、1346.6F/g、1200.1F/g、1031.6F/g 和 927.9F/g。与纯(β)Ni(OH)$_2$ 电极相比，HHM-(β)Ni(OH)$_2$/MWCNTs 电极在相同电流密度下展现出了更长的放电时间，说明具有更高的比电容。在电流密度为 2A/g 的条件下，HHM-(β)Ni(OH)$_2$/MWCNTs 电极的比电容（1456.3F/g）大约是纯(β)Ni(OH)$_2$ 电极比电容（719.3F/g）的两倍。值得注意的是，HHM-(β)Ni(OH)$_2$/MWCNTs 展现了优异的倍率性能，在电流密度为 20A/g 的条件下比电容为 905.5F/g。

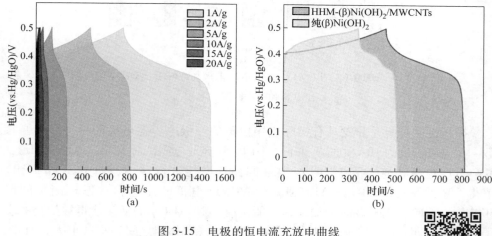

图 3-15 电极的恒电流充放电曲线
(a) HHM-(β)Ni(OH)$_2$/MWCNTs 电极在不同电流密度下的 GCD 曲线；(b) 纯(β)Ni(OH)$_2$ 电极在电流密度为 2A/g 时的恒电流充放电曲线

图 3-15 彩图

HHM-(β)Ni(OH)$_2$/MWCNTs 电极和纯(β)Ni(OH)$_2$ 电极的比电容和电流密度关系如图3-16所示。从图中可以看出，随着电流密度的增加 HHM-(β)Ni(OH)$_2$/MWCNTs 电极和纯(β)Ni(OH)$_2$ 电极的比电容逐渐减小，这个原因可以归结为在高电流密度下，电解液中的离子没有足够的时间达到电极材料的最大表面积[157]。相比于纯(β)Ni(OH)$_2$ 电极，HHM-(β)Ni(OH)$_2$/MWCNTs 电极在同样高电流密度条件下的比电容退化率明显降低。即使在 20A/g 的高电流密度条件下，HHM-(β)Ni(OH)$_2$/MWCNTs 电极的比电容为 927.9F/g，而纯(β)Ni(OH)$_2$ 电极的比电容值仅为193.3F/g。此外，HHM-(β)Ni(OH)$_2$/MWCNTs电极在20A/g的高电流密度条件下的比电容值为在较低电流密度1A/g条件下的60.5%。而与之相比，纯(β)Ni(OH)$_2$电极的电容保持率仅为在1A/g时的22.7%。

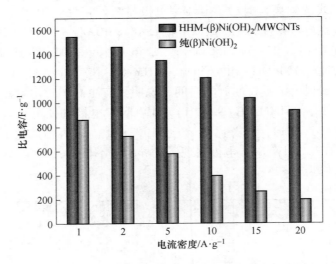

图3-16　HHM-(β)Ni(OH)$_2$/MWCNTs电极和纯(β)Ni(OH)$_2$电极的比电容和电流密度关系图

循环性能是研究开发具有实际应用价值的超级电容器电极的另一个重要参数。在电流密度为10A/g的条件下，采用恒流充放电测试对HHM-(β)Ni(OH)$_2$/MWCNTs电极和纯(β)Ni(OH)$_2$电极的循环性能进行评估，如图3-17所示。值得注意的是，HHM-(β)Ni(OH)$_2$/MWCNTs电极的比电容在循环测试的前500次循环有非常明显的增加，这可能是由于Ni(OH)$_2$的活化使得被捕获的离子（在纳米薄片中，离子可以被捕获在Ni(OH)$_2$晶体层之间）扩散出去。因此，HHM-(β)Ni(OH)$_2$/MWCNTs电极的比电容值在初期重复充电放的初始周期有明显的提高。随后，HHM-(β)Ni(OH)$_2$/MWCNTs电极在经过5000次循环的恒流充放电测试后依然保持了较高的比电容（1170.8F/g），只有轻微级容量衰减。与之相比，在同样测试条件下，经过5000次循环的恒流充放电测试后，纯(β)Ni(OH)$_2$电极只保持有363.6F/g。在电流密度为5A/g的条件下，经过5000次循环测试后的HHM-(β)Ni(OH)$_2$/MWCNTs电极的电容保持率为86.95%，这一参数也远远高于纯(β)Ni(OH)$_2$电极经过5000次循环测试后63.53%的电容保持率。上述结果显示HHM-(β)Ni(OH)$_2$/MWCNTs电极具有优良的高倍率性能和优越的循环稳定性。

随后，通过循环伏安法（CV）对HHM-(β)Ni(OH)$_2$/MWCNTs电极的电荷存储行为进行研究。图3-18(a)显示HHM-(β)Ni(OH)$_2$/MWCNTs电极在不同扫

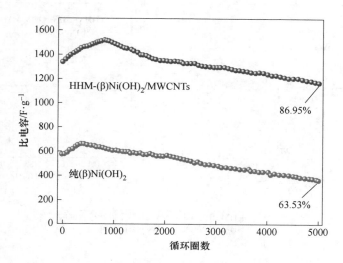

图 3-17 HHM-(β)Ni(OH)$_2$/MWCNTs 电极和纯(β)Ni(OH)$_2$ 电极在
10A/g 的电流密度下循环测试

描速率下（2~50mV/s）的循环伏安曲线。从循环伏安曲线图中可以明显地观察到一对对称性良好的氧化还原峰，这对氧化还原峰对应于快速、可逆的 Ni^{2+} ⇌ Ni^{3+} 法拉第氧化还原反应[158]。众所周知，氢氧化镍表面法拉第反应过程可以表示为：

$$Ni(OH)_2 + OH^- \rightleftharpoons NiOOH + H_2O + e^- \tag{3-5}$$

一般来说，HHM-(β)Ni(OH)$_2$/MWCNTs 电极的响应电流随着扫描速率的增加而增大。此外，在相同的扫描速率下，HHM-(β)Ni(OH)$_2$/MWCNTs 电极的循环伏安曲线所包围的面积要远大于纯(β)Ni(OH)$_2$ 电极循环伏安曲线包围的面积，如图 3-18(b) 所示。循环伏安曲线所包围的面积越大，材料的比电容值越大。通过恒流充放电测试进一步证实了这一结论。上述这些结果证明 HHM-(β)Ni(OH)$_2$/MWCNTs 电极具有极佳的功率容量和电容容量。峰值电流与扫描速率的关系可以反映出电极上不同的电化学反应特性。从循环伏安曲线可以提取阳极峰电流数据，阳极峰电流和扫描速率平方根之间的关系显示在图 3-18(c)。如图 3-18(c) 所示，纯(β)Ni(OH)$_2$ 电极和 HHM-(β)Ni(OH)$_2$/MWCNTs 电极的阳极峰值电流与扫描速率的平方根呈线性关系，表明反应过程为扩散限制，该结果完全符合于 Randles-Sevcik 公式[119-120]。阳极峰电流和扫描速率平方根之间线性拟合的斜率如图 3-18(c) 所示，由于独特的分层中空微球结构，HHM-(β)Ni(OH)$_2$/MWCNTs 电极相比于纯(β)Ni(OH)$_2$ 电极展现出了更大的扩散系数。循环伏安曲线所展示的良好的动力学与 HHM-(β)Ni(OH)$_2$/MWCNTs 电极的电化学性能显著提高相一致。

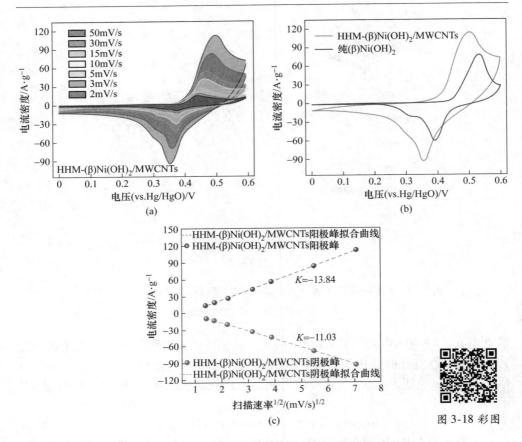

图 3-18　HHM-(β)Ni(OH)$_2$/MWCNTs 电极的电化学性能
(a) 在不同扫速下的循环伏安曲线；(b) HHM-(β)Ni(OH)$_2$/MWCNTs 和纯(β)Ni(OH)$_2$ 电极在扫速为 5mV/s 的循环伏安曲线；
(c) 高电位阴极峰电流与扫描速率的平方根线性关系图

HHM-(β)Ni(OH)$_2$/MWCNTs 电极优异的电化学性能可以归因该复合材料独特分层级中空微球结构与多壁纳米碳管良好结合。为了进一步探究多壁纳米碳管的加入对电极过程动力学的促进作用，我们对 HHM-(β)Ni(OH)$_2$/MWCNTs 电极进行了电化学阻抗谱（EIS）测试，频率范围为 100kHz~0.01Hz，振幅为 5mV（图 3-19）。一般来说，纯(β)Ni(OH)$_2$ 电极和 HHM-(β)Ni(OH)$_2$/MWCNTs 电极的 Nyquist 图在低频率范围内均呈现一条直线，在高频率区域内呈现为一个压低的半圆。在低频区范围内，HHM-(β)Ni(OH)$_2$/MWCNTs 电极直线的斜率相比于纯(β)Ni(OH)$_2$ 电极更加平行于 $-Z''$ 轴，这一结果表明了加入多壁纳米碳管的复合材料的扩散阻抗显著降低[138]。通常认为，实轴上的高频-中频的截距主要是由等效串联电阻（R_s）引起的，而半圆一般归属于电荷转移电阻（R_{ct}）。相比纯(β)Ni(OH)$_2$电极（0.772Ω），HHM-(β)Ni(OH)$_2$/MWCNTs电极展现出了一个更小的等效串联电阻（R_s = 0.601Ω），这表明加入多壁纳米碳管可以有效提高 HHM-(β)Ni(OH)$_2$/MWCNTs电极的电子电导率。电荷转移电阻（R_{ct}）是电极总电阻的主要贡献者，通过图3-19可知HHM-(β)Ni(OH)$_2$/MWCNTs电极的电荷转移电阻为1.15Ω，而纯(β)Ni(OH)$_2$电极的电荷转移电阻为2.66Ω。此外，图中低频区域的斜率表示扩散阻抗，这与离子扩散过程相一致。很显然，HHM-(β)Ni(OH)$_2$/MWCNTs电极相比于纯(β)Ni(OH)$_2$电极呈现出更大的斜率，这一结果暗示HHM-(β)Ni(OH)$_2$/MWCNTs电极具有更低的扩散阻抗和电极表面与电解液之间拥有更快的离子扩散[157-158]。较小的电荷转移电阻和等效串联电阻结合在低频区更大的斜率进一步确认HHM-(β)Ni(OH)$_2$/MWCNTs电极具有良好的动力学，同时也表明HHM-(β)Ni(OH)$_2$/MWCNTs电极在充放电过程中有着良好的倍率性能。

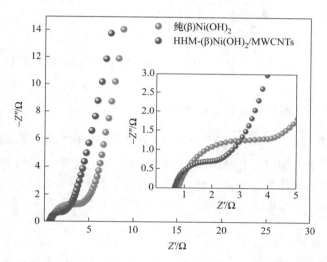

图3-19　HHM-(β)Ni(OH)$_2$/MWCNTs电极和纯(β)Ni(OH)$_2$电极的电化学阻抗谱

上述测试中表现出的优异的电化学性能以及进一步提升的反应动力学证明理性设计HHM-(β)Ni(OH)$_2$/MWCNTs电极材料的巨大优势（图3-20）。相比于传统的Ni(OH)$_2$复合材料，HHM-(β)Ni(OH)$_2$/MWCNTs复合材料的以下优点共同促进了其作为超级电容器电极材料的优异的电化学性能：(1) 分散在分层级中空微球Ni(OH)$_2$的多壁纳米碳管提高复合材料中电子转移，同时也促进分层级中空微球的形成；(2) 分层级Ni(OH)$_2$纳米片与多壁纳米碳管之间直接接触，在复合材料的界面可以产生更加快速和直接的电子传递，从而使得电极的电化学性能显著增强；(3) 独特一维的导电多壁纳米碳管分散在三维的分层级中空球结构使得电子扩散距离变短，电解质与活性材料接触面积增大，因此导致氧化还原反应中材料表面具有较多的电化学活性位点；(4) 三维分层级中空结构和分散于内部的导电多壁纳米碳管有助于缓解电化学循环过程中产生的应变，确保材料在长周期循环稳定。因此，HHM-(β)Ni(OH)$_2$/MWCNTs 复合材料表现出显著增强的比电容、良好的倍率性能和优异的循环稳定性。

图 3-20　HHM-(β)Ni(OH)$_2$/MWCNTs 电极的电荷存储机制

3.3.4　不对称电容器的组装以及性能测试

为了进一步评估 HHM-(β)Ni(OH)$_2$/MWCNTs 复合材料在能源存储方面的优势，采用 HHM-(β)Ni(OH)$_2$/MWCNTs 复合材料作为正极，活性炭（AC）作为负极，6mol/L KOH 作为电解液，组装了非对称超级电容器器件（ASC）（表示为 HHM-(β)Ni(OH)$_2$/MWCNTs//AC），如图 3-21 所示。

图 3-21　HHM-(β)Ni(OH)$_2$/MWCNTs//AC 的器件示意图

图 3-22 显示了采用三电极在扫描速率为 50mV/s 的条件下测试制备的 HHM-(β)Ni(OH)₂/MWCNTs 复合材料电极和活性炭电极循环伏安图。活性炭电极的循环伏安曲线如图 3-23(a)所示。HHM-(β)Ni(OH)₂/MWCNTs 电极稳定的电势范围在 0~0.6V，而活性炭电极的电势范围在 -1~0V。因此，HHM-(β)Ni(OH)₂/MWCNTs//AC 非对称超级电容器设备的电化学窗口可以达到 1.6V。由于所制备的非对称超级电容器的正负两个电极分别具有不同的比电容，在组装器件时平衡正极（q^+）和负极（q^-）之间储存的电荷是非常重要的。电荷（q）在正负两个电极的存储与电极的质量（m）、电极的比电容（C）和可以应用的电化学窗口（ΔV）相关，电荷的计算公式为：$q = C \times \Delta V \times m$。HHM-(β)Ni(OH)₂/MWCNTs//AC 非对称超级电容器正负两极的质量比可以由以下方程计算：$m^+/m^- = (C_- \times \Delta V_-)/(C_+ \times \Delta V_+)$。基于两个电极在电流密度为 1A/g 时的测试（图 3-23(b)），HHM-(β)Ni(OH)₂/MWCNTs 电极与活性炭电极的质量比计算为 1:4.6。

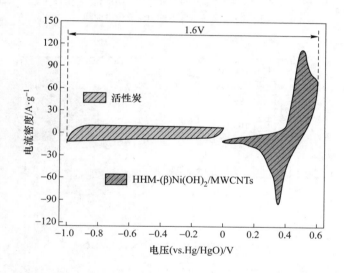

图 3-22　HHM-(β)Ni(OH)₂/MWCNTs 电极和活性炭电极在扫描速率为 50mV/s 的循环伏安图

图 3-24 显示了 HHM-(β)Ni(OH)₂/MWCNTs//AC 非对称超级电容器在不同扫描速率（5~100mV/s）下的循环伏安曲线，电压测试范围从 0~1.6V。随扫描速率增大，循环伏安曲线的峰值电流增大，在较高的电压范围内存在一对宽的氧化还原峰，这意味着 HHM-(β)Ni(OH)₂/MWCNTs//AC 非对称超级电容器的电容特性主要来源于 HHM-(β)Ni(OH)₂/MWCNTs 电极。HHM-(β)Ni(OH)₂/MWCNTs//AC 的 CV 曲线随扫描速率的增大而保持良好的形状，说明所制备的非对称超级电容器具有快速充放电特性、高度可逆性和优异的倍率性能。

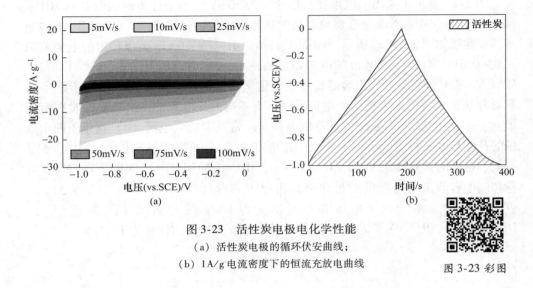

图 3-23 活性炭电极电化学性能
(a) 活性炭电极的循环伏安曲线；
(b) 1A/g 电流密度下的恒流充放电曲线

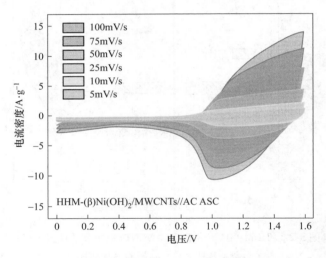

图 3-24 HHM-(β)Ni(OH)$_2$/MWCNTs//AC 在
不同扫描速率下的循环伏安曲线

此外，HHM-(β)Ni(OH)$_2$/MWCNTs//AC 非对称电容器在不同电流密度下 (1~20A/g) 的恒电流充电/放电曲线见图 3-25。从图中可以看到，恒电流充电/放电曲线几乎是对称的，说明 HHM-(β)Ni(OH)$_2$/MWCNTs//AC 非对称电容器具有良好的可逆性。组装的非对称超级电容器设在 1A/g 的电流密度下的比电容达到 112.5F/g。比电容随着电流密度的增大而减小，这是由在高电流密度下，

HHM-(β)Ni(OH)$_2$/MWCNTs//AC 的充放电过程不完全所引起的。即使电流密度增加到 20A/g，所组装的设备仍保持较高的比电容（55.8F/g）（图 3-26），表明 HHM-(β)Ni(OH)$_2$/MWCNTs//AC 具有杰出的倍率性能。HHM-(β)Ni(OH)$_2$/MWCNTs//AC 非对称超级电容器良好的性能与正极 HHM-(β)Ni(OH)$_2$/MWCNTs 复合材料的分层级中空微球结构的及器件中正负两电极的协同效应相关。

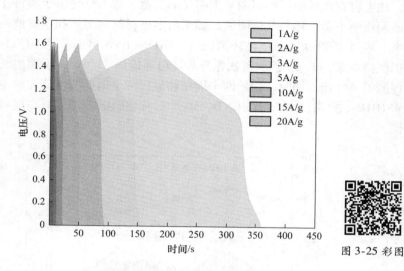

图 3-25　HHM-(β)Ni(OH)$_2$/MWCNTs//AC 在不同电流密度下的恒流充放电曲线

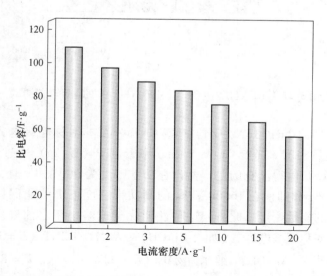

图 3-26　HHM-(β)Ni(OH)$_2$/MWCNTs//AC 在不同电流密度下对应的比电容

循环稳定性是用来评估超级电容器实际应用价值的另一个重要参数。图3-27 所展示的是 HHM-(β)Ni(OH)$_2$/MWCNTs//AC 非对称超级电容器在电流密度为 10A/g 的条件下经过 3000 次恒流充放电循环的循环寿命测试。在前 700 次循环测试中,比电容增加到其首次循环比电容值的 112%,这可能是由于电极的进一步活化过程和渗透过程。然而,当 HHM-(β)Ni(OH)$_2$/MWCNTs//AC 被彻底激活后,比电容在此后的循环周期呈现明显的衰退,这不仅是由于器件正负极之间电荷匹配逐渐平衡,还与其他因素,如正负电极材料的溶解和电解液的消耗有很大关系。经过 3000 次充放电循环测试后,HHM-(β)Ni(OH)$_2$/MWCNTs//AC 的比电容仍保持在 63.4F/g,约为首次循环后比电容值的 83.6%,说明组装的器件具有良好的循环性能。同时,初始两个周期和最后两个周期的恒流充放电曲线进一步证实 HHM-(β)Ni(OH)$_2$/MWCNTs//AC 非对称超级电容器具有高度可逆的电化学特性。

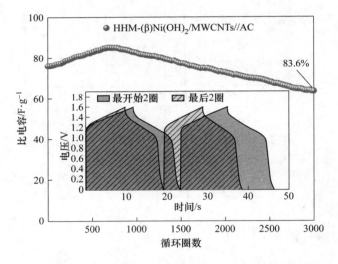

图 3-27　HHM-(β)Ni(OH)$_2$/MWCNTs//AC 的循环性能测试

进一步评估 HHM-(β)Ni(OH)$_2$/MWCNTs//AC 非对称超级电容器的应用价值,器件的能量密度 E(W·h/kg)和功率密度 P(W/kg)通过式(3-3)和式(3-4)计算,值得注意的是,器件在功率密度为 800W/kg 时,能量密度达到 40.0W·h/kg 和即便在 16000W/kg 的高功率密度下仍然能保持能量密度为 19.6W·h/kg 的能量密度。此外,这种性能优于或略小于之前许多报道中基于 Ni(OH)$_2$ 的非对称超级电容器,如 β-Ni(OH)$_2$@ACMT//PCMT(E=37.8W·h/kg, P=750W/kg)[138],Ni(OH)$_2$ 纳米片//AC(E=22W·h/kg, P=800W/kg)[159], Ag-rGO/Ni(OH)$_2$/AC(E=41.2W·h/kg, P=375W/kg)[152],α-Ni(OH)$_2$@CNTs//AC

($E = 28.74\text{W} \cdot \text{h/kg}$, $P = 7958\text{W/kg}$)[160], $Ni(OH)_2//AC$ ($E = 32.9\text{W} \cdot \text{h/kg}$, $P = 800\text{W/kg}$)[161], $Ni(OH)_2/$石墨烯$//$石墨烯 ($E = 13.5\text{W} \cdot \text{h/kg}$, $P = 15.2\text{kW/kg}$)[162], $Ni(OH)_2//AC$ ($E = 20.45\text{W} \cdot \text{h/kg}$, $P = 75\text{W/kg}$)[163], Y-掺杂 $Ni(OH)_2//AC$ ($E = 22\text{W} \cdot \text{h/kg}$, $P = 754.56\text{W/kg}$)[164], $Ni(OH)_2$-CNT$//AC$ ($E = 50.6\text{W} \cdot \text{h/kg}$, $P = 95\text{W/kg}$)[165]; MMnCo-LDH@$Ni(OH)_2//AC$ ($E = 9.8\text{W} \cdot \text{h/kg}$, $P = 5020.5\text{W/kg}$)[166] 和 g-C_3N_4@$Ni(OH)_2//$石墨烯 ($E = 43.1\text{W} \cdot \text{h/kg}$, $P = 1870\text{W/kg}$)[167]。此外,两个 HHM-(β)$Ni(OH)_2$/MWCNTs$//AC$ 非对称超级电容器的串联可以点亮一个发光二极管的阵列,这一结果进一步直观地证明所组装的器件具有能源存储方面的应用潜力(图3-28)。

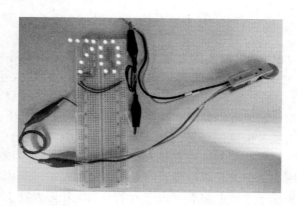

图3-28 两个 HHM-(β)$Ni(OH)_2$/MWCNTs$//AC$ 串联点亮 LED 灯阵列的数码照片

3.4 结 论

总而言之,在本章中,通过合理的设计,采用水热反应首次成功构建出具有新颖的三维分层级中空微球结构的(β)$Ni(OH)_2$/多壁碳纳米管(HHM-(β)$Ni(OH)_2$/MWCNTs)复合材料。表面功能化的多壁碳纳米管促使分层级中空微球结构的形成,同时也促进了 HHM-(β)$Ni(OH)_2$/MWCNTs 电极的电子转移。新制备的分层级中空微球结构复合材料,确保了材料良好的力学稳定性,同时提高了离子电导率。因此,独特的分层级中空微球复合材料包含大量多种类型的孔径,导电碳纳米管的引入有助于提升 HHM-(β)$Ni(OH)_2$/MWCNTs 的电荷存储能力。这项工作不仅可以为 $Ni(OH)_2$ 的应用提供有用的信息,而且可以开发新的合成策略来设计和生产一些具有复杂结构和优异性能的理想材料。

4 高性能负极材料 HS-Fe₃O₄/MWCNTs 的制备及其电化学行为

4.1 引 言

超级电容器（SCs）又被人称为电化学电容器，具有高功率密度、长循环寿命、快速的充放电速率等诸多优点，在近些年引起了科研人员极大的研究兴趣[168-170]。随着社会的发展，为了满足包括下一代电子设备和混合动力汽车在内的新兴市场的需求，超级电容器需要在不牺牲功率密度的前提下进一步提高其自身的能量密度。由能量密度的计算公式 $E = 1/2CV^2$（E 为能量密度，C 为电容，V 为工作电压窗口）[171-172]可知，通过增加器件的比电容和扩大器件的电压窗口，可以提高其能量密度。扩大超级电容器的电压窗口可以通过使用有机电解质或离子液体来实现，相比于水系电解液（由于水的分解电压限制在 1.23V）通常它们具有更大的电压窗口（大于 2V）[173]。然而，市面上离子液体价格极其昂贵，而有机电解质通常是较差的离子导体而且不利于环境保护，这使得这两种电解质都不是超级电容器的理想电极材料。因此，利用水电解质制备非对称超级电容器（ASCs）是提高能量密度[174]的有效途径。非对称超级电容器通常由正极和负极组成，它们在不同的电位窗下工作，使得器件整体的电压扩大，因此与传统碳材料的对称超级电容器相比具有更高的能量密度。值得注意的是非对称超级电容器的整体性能主要取决于电极材料的性能。此外，提高电极比电容的另一种方法是通过多策略构建具有纳米尺度或混合构架的巧妙结构。因此，为了开发具有高比电容和新颖结构的负极和正极材料，人们付出了极大的努力。

虽然正极材料的研发取得了非常大的进展，但高性能负极材料的研究进展相对缓慢，抑制了具有高能量密度的非对称超级电容器进一步发展。在早先的探索中，碳基材料因其低廉的价格、地球丰度高、较大的比表面积、高的电子导电性、卓越的循环稳定性等优点成为不对称超级电容器中负极材料中研究最为深入的材料。然而，其本身固有的低比电容和低能量密度是双电层电容器储能机制的主要缺陷[175-176]。其他类型的负极材料，如金属氧化物及氢氧化物和导电聚合物，这些材料的比电容和能量密度都高于碳基材料，这是因为它们的电容主要依赖于赝电容式电荷存储机制。因此，人们在该领域进行了大量的研究，开发出了具有高比电容和高能量密度的赝电容负极材料。在这些负电极材料中，Fe_3O_4尤其受到广泛的关注。由于其地球丰度、环境相容性、晶体结构稳定、理论电容高、负极工作电压窗口大等优点，成为未来的候选材料[177]。尽管Fe_3O_4作为电极材料已经取得了较大的进展，但前期大多数的Fe_3O_4负极材料报道仍然存在具有比电容低、循环稳定性差和倍率性能不佳的劣势[178-179]。因此，探索出一种新颖的Fe_3O_4基电极，该电极具有较短的离子和电子传输路径，对于高性能非对称超级电容器的应用具有重要意义。

构建具有导电碳材料网络的复合结构是提高Fe_3O_4电容性能的常用方法之一[180-183]。碳基材料由于具有良好的导电性和卓越的电化学稳定性，通常被用作复合材料。与单个组分相比，这些Fe_3O_4碳复合材料具有更好的电化学性能。Fe_3O_4与碳材料之间存在着协同作用，它们的电荷存储来自法拉第反应和双层反应。当碳材料与金属氧化物结合时，有效离子扩散增加，从而提高了整体电化学性能。碳纳米管是一种具有高化学稳定性、高表面积和高纵横比的机械强度材料[184-187]。Fe_3O_4和CNTs共同形成了一个交叉网络，提供了高的比电容、充放电速率和长循环稳定性。虽然已经报道了几个在MWCNTs上生长纳米晶的案例[179,186,185]，但是借助MWCNTs生长Fe_3O_4中空球的复合材料从未被报道过。此外，MWCNTs良好的导电性对促进电化学反应中的电子传递具有重要意义。因此，中空球Fe_3O_4与MWCNT的复合具有重要的应用前景。

本章中，通过一步无模板法制备中空球四氧化三铁/多壁碳纳米管复合材料（HS-Fe_3O_4/MWCNTs），系统地研究了HS-Fe_3O_4/MWCNTs复合材料的形貌形成及改性机制。由于其独特而新颖的结构，新制备的HS-Fe_3O_4/MWCNTs复合材料具有优异的电化学性能。这项工作提供了一种简单而有效的策略用于构建高性能电化学电容器负极材料HS-Fe_3O_4/MWCNTs。

4.2 实验部分

4.2.1 实验原料

实验原料见表4-1。

表4-1 实验原料

原料	纯度	厂家
硝酸铁（$Fe(NO_3)_3 \cdot 9H_2O$）	分析纯	Sinopharm Chemical Reagent Co., Ltd.
氢氧化钾（KOH）	分析纯	Sinopharm Chemical Reagent Co., Ltd.

续表 4-1

原　料	纯度	厂　家
硝酸镍（Ni(NO$_3$)$_2$·6H$_2$O）	分析纯	Sinopharm Chemical Reagent Co., Ltd.
尿素（CO(NH$_2$)$_2$）	分析纯	Sinopharm Chemical Reagent Co., Ltd.
无水乙醇（C$_2$H$_6$O）	分析纯	Sinopharm Chemical Reagent Co., Ltd.
聚四氟乙烯（PTFE）	分析纯	Shanghai Mackin Biochemical Co., Ltd.
多壁碳纳米管（MWCNTs）	分析纯	Shenzhen NanotechPart Co., Ltd.
过氧化氢（H$_2$O$_2$）	分析纯	国药集团化学试剂有限公司
浓硫酸（H$_2$SO$_4$）	分析纯	国药集团化学试剂有限公司
浓硝酸	分析纯	国药集团化学试剂有限公司
氩气	99.999%	沈阳圣峰高压气体有限公司
活性炭	分析纯	日本可乐丽

4.2.2　实验仪器

实验仪器见表 4-2。

表 4-2　实验仪器

仪　器　名　称	仪　器　型　号
傅里叶变换红外光谱（IR）仪	Nicolet 5DX FT-IR
拉曼（Raman）光谱仪	Renishaw Confocal Micro-Raman Spectrometer
扫描电子显微镜（SEM）	Hitachi SU8000
X 射线粉末衍射（XRD）仪	Bruker AXS D8 ADVANCE X
热重－差热分析（TGA）仪	Perkin-Elmer Pyrisl TGA7
透射电子显微镜（TEM）	JEOL JEM-2100
X 射线光电子能谱（XPS）仪	ESCALAB Mk Ⅱ
鼓风干燥箱	上海恒一 DHG-9030A
真空管式炉	合肥科晶 OTF-1200X
磁力搅拌器	JOANLAB HS-17

续表4-2

仪 器 名 称	仪 器 型 号
电化学工作站	上海辰华 CHI660
鼓风干燥箱	上海恒一 DHG-9030A

4.2.3 样品的制备

4.2.3.1 表面修饰的多壁碳纳米管的制备

称取0.6g MWCNTs 加入80℃的食人鱼溶液（30mL 30% H_2O_2 和70mL 浓 H_2SO_4 的混合物）中，在磁力搅拌下搅拌处理1h。收集表面改性后的MWCNTs 样品，将所得样品用去离子水和无水乙醇反复洗涤数次，后置于鼓风干燥箱中，80℃条件下干燥过夜。

4.2.3.2 纯 Fe_3O_4 的制备

将硝酸铁（$Fe(NO_3)_3 \cdot 9H_2O$）（0.12g）和尿素（0.06g）分散于30mL 去离子水中，超声处理2h。然后，将前驱体溶液转移到50mL 聚四氟乙烯内衬的不锈钢高压釜中，在120℃的烘箱中水热生长24h。反应结束后，在常温空气中冷却聚四氟乙烯内衬不锈钢高压釜至室温。将所得沉淀物用去离子水和无水乙醇反复洗涤数次，后置于鼓风干燥箱中，80℃条件下干燥过夜。最后，将所制备样品置于管式炉中，在500℃的Ar 气氛中以4℃/min 的升温速率退火2h。

4.2.3.3 HS-Fe_3O_4/MWCNTs 复合材料的制备

将表面修饰1h的多壁碳纳米管（0.005g）、（$Fe(NO_3)_3 \cdot 9H_2O$）（0.12g）和尿素（0.06g）分散于30mL 去离子水中，超声处理2h。然后，将前驱体溶液转移到50mL 聚四氟乙烯内衬的不锈钢高压釜中，在120℃的烘箱中水热生长24h。反应结束后，在常温空气中冷却聚四氟乙烯内衬不锈钢高压釜至室温。将所得沉淀物用去离子水和无水乙醇反复洗涤数次，后置于鼓风干燥箱中，80℃条件下干燥过夜。最后，将所制备样品置于管式炉中，在500℃的Ar 气氛中以4℃/min 的升温速率退火2h。

4.2.4 样品的特征

通过X 射线粉末衍射仪（XRD，Bruker D8 Advance）对所制备的复合材料进行了测定。XRD 谱图的记录使用铜靶和 $K\alpha$（$\lambda = 1.5406 \times 10^{-10}$m）辐射，扫描从10°~80°，速度为2(°)/min。拉曼光谱是利用Renishaw 共聚焦显微拉曼光谱仪获得的，该光谱仪配备了HeNe（633nm）激光器，激光以10%的功率工作。采用扫描电镜（SEM，Hitachi SU8000）观察合成材料的形貌。用透射电镜

(TEM，JEOL JEM-2100）对制备的粉体在 200kV 加速电压下的微观结构进行了进一步的研究。X 射线光电子能谱（XPS）通过 ESCALAB Mk Ⅱ 分光计对复合材料的元素组成进行研究。采用 Brunauer-Emmett-Teller（BET）分析方法，根据氮气吸附/解吸等温线（ASAP 2020 分析仪）计算样品比表面积。利用 Barrett-Joyner-Halenda（BJH）模型从解吸分支出发，分析了孔的尺寸分布。在升温速率为 10℃/min 的空气气氛中进行热重分析（TA Instruments，Q500）。

4.2.5 电化学特征

通常情况下，将活性材料（质量分数为 80%），导电炭黑（质量分数为 10%）和 PTFE（质量分数为 10%）分散在无水乙醇中，用玛瑙研钵研磨 2h，后置于 60℃ 鼓风干燥箱中干燥过夜。2~3mg 样品涂覆在泡沫镍衬底（1cm×1cm）作为工作电极。所有的测试包括循环伏安法（CV）、电化学阻抗谱（EIS）和恒流充放电测试（GCD）都是在 6mol/L KOH 水溶液中通过 CHI 660d 电化学工作站进行的。铂电极和饱和甘汞电极分别作为对电极和参比电极。比电容（C）由下式计算：

$$C = \frac{I \times \Delta t}{m \times \Delta V} \tag{4-1}$$

式中，C 为比电容，F/g；I 为放电电流，A；Δt 为放电时间，s；ΔV 为放电时的电压窗口，V；m 为电极中活性材料的质量，g。

4.2.6 不对称电容器的组装

采用双电极测试系统对纽扣电池型超级电容器的电化学测量结果进行探究。以制备的 HS-Fe$_3$O$_4$/MWCNTs 复合材料为负极、HHM-(β)Ni(OH)$_2$/MWCNTs 为正极，组装成非对称超级电容器装置。采用上文提到的工艺制备了工作电极，用聚丙烯膜作为电容器隔膜，6mol/L KOH 作为电解液。在三电极体系中对活性炭的电化学性能进行测评。正负电极的质量比由下式决定：

$$\frac{m_+}{m_-} = \frac{C_- \times \Delta V_-}{C_+ \times \Delta V_+} \tag{4-2}$$

式中，m 为制备的电极材料的质量，g；C 为活性材料的比电容，F/g；ΔV 为电压窗口，V。根据电荷平衡方程，计算 HHM-(β)Ni(OH)$_2$/MWCNTs 与 HS-Fe$_3$O$_4$/MWCNTs 的最优质量比为 1:3.9。能量密度 E（W·h/kg）和功率密度 P（W/kg）计算公式如下：

$$E = \frac{1}{2}CV^2 \tag{4-3}$$

$$P = \frac{E}{\Delta t} \tag{4-4}$$

式中，C 为组装的 HHM-(β)Ni(OH)$_2$/MWCNTs//HS-Fe$_3$O$_4$/MWCNTs 不对称电容器的比电容，F/g；V 为电压窗口，V；Δt 为放电时间，s。

4.3 结果与讨论

4.3.1 材料特征

HS-Fe$_3$O$_4$/MWCNTs 复合材料制备的工艺流程如图 4-1 所示。首先采用水热法得到前驱体。最终的 HS-Fe$_3$O$_4$/MWCNTs 复合材料可以通过将样品在氩气中 500℃煅烧 2h 得到。

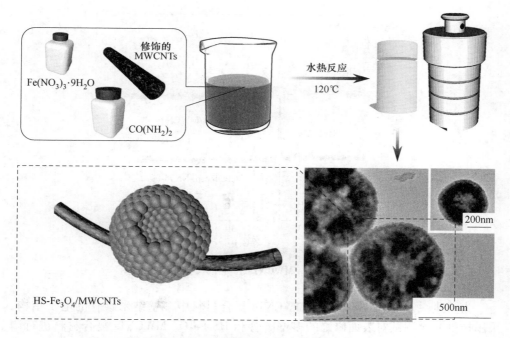

图 4-1 HS-Fe$_3$O$_4$/MWCNTs 复合材料的制备过程

首先通过 X 射线粉末衍射（XRD）测试了 HS-Fe$_3$O$_4$/MWCNTs 复合材料与纯 Fe$_3$O$_4$ 的结晶度和相纯度。图 4-2 为纯 Fe$_3$O$_4$ 和 HS-Fe$_3$O$_4$/MWCNTs 复合材料的 XRD 谱图。可以清晰地观察到，图中 2θ = 18.3°、30.1°、35.48°、37.1°、43.1°、53.5°、57.03°、62.7°和 74.1°分别与立方相 Fe$_3$O$_4$（JCPDS card No. 75-0033）的（111）、（220）、（311）、（222）、（400）、（422）、（511）、（440）和（533）晶面完美匹配[188]。此外，Fe$_3$O$_4$ 的衍射峰强而尖锐，说明制备的纯 Fe$_3$O$_4$ 具有非常高的结晶度。结果表明，与纯 Fe$_3$O$_4$ 相比，HS-Fe$_3$O$_4$/MWCNTs 纳米复合材料

存在 Fe_3O_4 和 MWCNTs 两相。在 $2\theta=26°$ 处的衍射峰与 MWCNTs 的（002）反射面相对应，而在 $2\theta=18.3°$、$30.1°$、$35.48°$、$37.1°$、$43.1°$、$53.5°$、$57.03°$、$62.7°$ 和 $74.1°$ 分别与立方相 Fe_3O_4（JCPDS card No.75-0033）的（111）、（220）、（311）、（222）、（400）、（422）、（511）、（440）和（533）晶面相对应。纯 Fe_3O_4 和 HS-Fe_3O_4/MWCNTs 复合材料的所有衍射峰都可以很好地与立方相 Fe_3O_4 相匹配。除此之外，图中 HS-Fe_3O_4/MWCNTs 复合材料并未观察到 Fe、Fe_2O_3、$FeCO_3$ 等杂质的特征峰，说明所制备的复合材料由 Fe_3O_4 和 MWCNTs 组成。根据 TG 测试结果计算 HS-Fe_3O_4/MWCNTs 中的碳含量约为 18.2%（图4-3）。因此，在 HS-Fe_3O_4/MWCNTs 中相对较低的含量和衍射强度导致在 XRD 谱图中 MWCNTs 的衍射峰强度较弱。

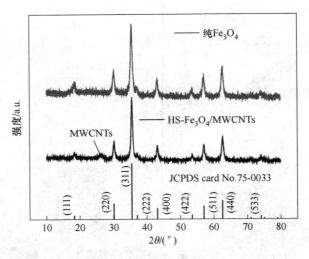

图 4-2　HS-Fe_3O_4/MWCNTs 和纯 Fe_3O_4 的 XRD 谱图

为了进一步了解 HS-Fe_3O_4/MWCNTs 复合材料中多壁纳米碳管的电子结构，采用拉曼光谱测试对表面修饰的多壁碳管和 HS-Fe_3O_4/MWCNTs 复合材料进行测试，如图4-4所示。在拉曼光谱中可以观察到两个样品均包含有典型的 D 峰（约 1350 cm^{-1}）和 G 峰（约 1576 cm^{-1}）。D 峰与多壁碳纳米管中缺陷结构或无序程度相关，G 峰提供 sp^2-C 在平面上键的拉伸运动信息。通过计算 I_D/I_G 的比值得出 HS-Fe_3O_4/MWCNTs 的 I_D/I_G 值约为 1.18，而多壁碳纳米管 I_D/I_G 的值约为 1.02。通过较高的 HS-Fe_3O_4/MWCNTs 的 I_D/I_G 值（1.18）可以进一步确认多壁纳米碳管在 HS-Fe_3O_4/MWCNTs 复合材料中是无序的，同时可以进一步证实多壁纳米碳管与中空球 Fe_3O_4 之间能够很好地结合[138]。

为了进一步探究 HS-Fe_3O_4/MWCNTs 复合材料中 Fe_3O_4 与 MWCNTs 的相互作用和复合材料中的组成信息，采用 X 射线光电子谱对所制备的复合材料进行进一

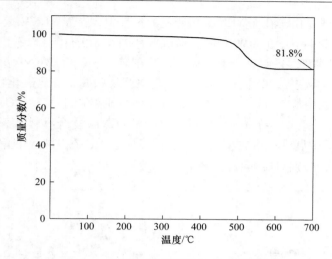

图 4-3　HS-Fe$_3$O$_4$/MWCNTs 的 TG 曲线

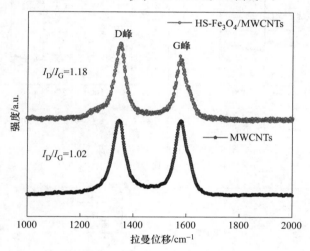

图 4-4　MWCNTs 和 HS-Fe$_3$O$_4$/MWCNTs 的 Raman 谱图

步表征。从图 4-5(a)可以发现，在 HS-Fe$_3$O$_4$/MWCNTs 复合材料的 XPS 全扫描光谱中检测出 C、O 和 Fe 元素的存在。结合上文中提及的 XRD 与 Raman 光谱的测试结果，HS-Fe$_3$O$_4$/MWCNTs 复合材料中 C 1s 峰强度要远高于纯 Fe$_3$O$_4$ 的 C 1s 峰（图 4-5(b)），这个结果说明了 MWCNTs 存在 HS-Fe$_3$O$_4$/MWCNTs 复合材料中。HS-Fe$_3$O$_4$/MWCNTs 复合材料的高分辨率 C 1s 谱图（图 4-6(a)）可以分为 284.3eV、285.2eV、286.0eV、287.6eV 和 288.9eV 处几个不同的峰，分别对应于 sp^2 杂化石墨状碳原子、sp^3 杂化碳原子、碳原羟基基团中的碳原子（C—OH）、羰基基团中碳原子（C=O）、羧基基团中碳原子（HO—C=O）。290.6eV 处的峰，通常与 π-π*（石墨平面自由电子）相关[99-100]。MWCNTs 上含氧官能团的生成是由于在 MWCNTs 功能化的过程中,在 MWCNTs 表面发生氧化,从而促进中空球 Fe_3O_4 在 MWCNTs 上形成。从图 4-6(b)中可以看出,O 1s 的每一个 XPS 峰都很宽,且明显地不对称,说明在 HS-Fe_3O_4/MWCNTs 复合材料中存在不止一种化学状态。在图中 530.2eV 处的最强峰归属于金属氧化物 Fe_3O_4 中的晶格氧。其他两个峰在 531.3eV 和 532.6eV 处分别对应于(Fe—O—C)和单碳氧键(C—O)[189]。图 4-7 表示为 HS-Fe_3O_4/MWCNTs 复合材料高分辨 XPS 谱的 Fe 2p 谱图。图中展现一个典型的 Fe_3O_4 核心标准谱,在 711eV 处和 725eV 处有两个明显的峰,分别对应 Fe $2p_{3/2}$ 和 Fe $2p_{1/2}$ [189]。

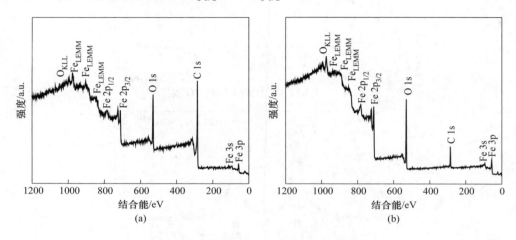

图 4-5 样品的 XPS 全扫描谱图
(a) HS-Fe_3O_4/MWCNTs;(b) 纯 Fe_3O_4

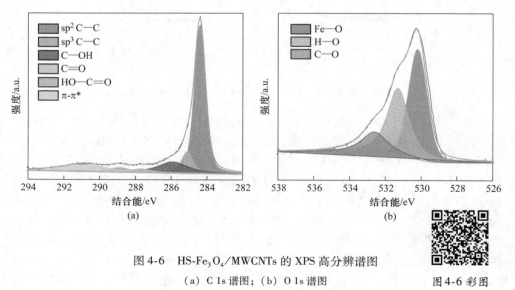

图 4-6 HS-Fe_3O_4/MWCNTs 的 XPS 高分辨谱图
(a) C 1s 谱图;(b) O 1s 谱图

图 4-6 彩图

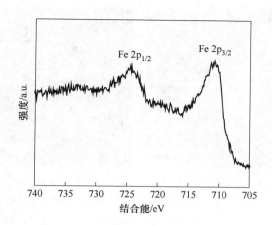

图 4-7　HS-Fe$_3$O$_4$/MWCNTs 的高分辨 Fe 2p 谱图

通过扫描电镜和透射电镜对 HS-Fe$_3$O$_4$/MWCNTs 复合材料前驱体和纯 Fe$_3$O$_4$ 前驱体的微观形貌进行观察，如图 4-8 所示。从图 4-8(a)(b)可以看出，HS-Fe$_3$O$_4$/MWCNTs 复合材料前驱体具有一维多壁纳米碳管穿插在多个纳米球体之间的结构。球体的平均直径为 400nm，表面粗糙的 Fe$_3$O$_4$ 球体前驱体很好地附着在 MWCNTs 上。从图 4-8(c)(d)可以看到，球体中心白色部分与黑色边缘对比强烈，证实了中空球结构的存在，这与图 4-8 中扫面电镜观测微观形貌结果一致。扫描电镜观察的中空球 Fe$_3$O$_4$ 前驱体的壁厚约为 70nm（图 4-8(b)），与透射电镜所观察的结果一致（图 4-8(d)）。图 4-8(e)(f)为相同反应条件下不添加 MWCNTs 的情况下所制备的纯 Fe$_3$O$_4$ 前驱体的 SEM 图像。从图 4-8(e)(f)中可以观察到纯 Fe$_3$O$_4$ 前驱体呈现出颗粒状严重团聚且图中无中空球结构存在。总结上述的观察结果可以推断，通过添加表面功能化的多壁碳纳米管可以诱导形成中空球 Fe$_3$O$_4$。

为了进一步证明 HS-Fe$_3$O$_4$/MWCNTs 前驱体中元素分布，采用 Energy Dispersive X-ray Spectroscopy（EDX）元素映射技术在同一扫面电镜图像下得到 HS-Fe$_3$O$_4$/MWCNTs 复合材料前驱体的元素映射图，如图 4-9 所示。图 4-9(b)~(d)为三色图像，分别对应 Fe、O、C 三种不同的元素，证明 HS-Fe$_3$O$_4$/MWCNTs 复合材料前驱体由上述三种元素组成，与目标产物所含成分一致。这些图像显示，Fe 和 O 在 HS-CeO$_2$/MWCNTs 复合材料前驱中分布呈现出球形，而 C 在图 4-9 中呈现出碳管的分布。以上结果证明成功合成出目标产物前驱体。

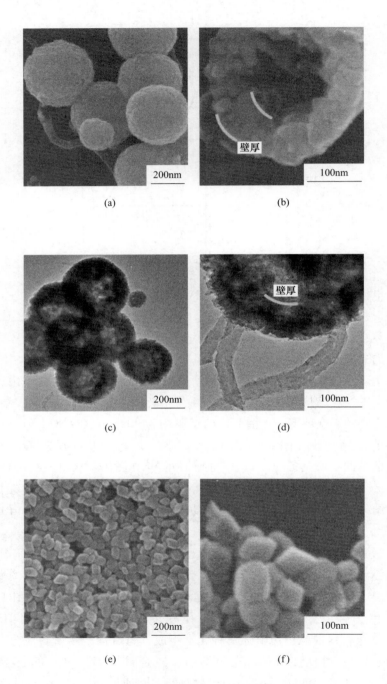

图 4-8 样品的 SEM 和 TEM 图
(a)~(d) HS-Fe$_3$O$_4$/MWCNTs 前驱体；(e)(f) 纯 Fe$_3$O$_4$ 前驱体

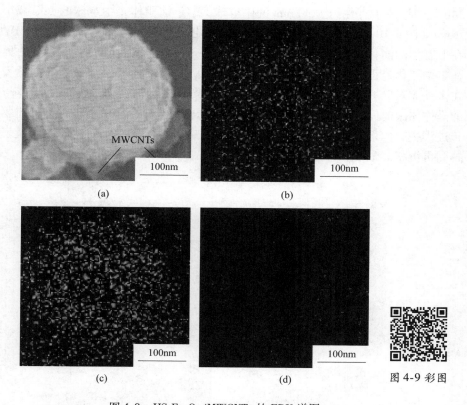

图 4-9 HS-Fe$_3$O$_4$/MWCNTs 的 EDX 谱图

(a) HS-Fe$_3$O$_4$/MWCNTs 的 SEM 图;(b) Fe 元素;(c) O 元素;(d) C 元素

4.3.2 形成机制

采用水热生长时间跟踪实验进一步了解中空 Fe$_3$O$_4$ 在功能化多壁碳纳米管表面上的生长过程(图 4-10)。在反应的早期阶段,反应体系中形成了 Fe$_3$O$_4$ 前驱体的纳米晶种子。功能化 MWCNTs 表面的官能团(—OH 和—COOH)可以将 Fe$_3$O$_4$ 前驱体的种子锚定在 MWCNTs 的活性位点上。继续增加水热反应时间达到 1h 时,功能化 MWCNTs 活性位点上已经生长出一些尺寸仅为几纳米的晶粒(图 4-10(a))。当继续延长反应时间到 6h 时,这些小的 Fe$_3$O$_4$ 前驱体纳米晶种在 MWCNTs 上的活性位点周围聚集成 Fe$_3$O$_4$ 前驱体纳米球(图 4-10(b)),其平均直径约为 100nm。随着反应时间延长至 12h,Fe$_3$O$_4$ 前驱体纳米球直径逐渐增大,特别需要注意的是,由于 Fe$_3$O$_4$ 前驱体纳米球外层的生长和内部物质的消耗,图中前驱体纳米球的空心结构已经开始形成,如图 4-10(c)所示。在这一阶段,中空 Fe$_3$O$_4$ 前驱体纳米球的壁厚约为 100nm。最后,当水热反应时间延长到

24h时，形成了直径约为300nm的中空球Fe_3O_4前驱体，中空球的壁厚减小到约70nm（图4-10(d)）。综上所述，通过透射电镜的观测揭示了HS-Fe_3O_4/MWCNTs在形态学的演化过程，如图4-11所示。这一生长过程呈现出一个典型的奥斯特瓦尔德熟化过程。在水热反应体系中，Fe_3O_4前驱体纳米晶种为了降低总表面能在多壁MWCNTs表面活性位点官能团处聚集成纳米球。由于内部的晶体与外部的晶体团聚时间不同，因此在界面能上存在显著差异，在中空球Fe_3O_4前驱体生长过程中，内部的Fe_3O_4前驱体纳米晶容易在外部的Fe_3O_4前驱体纳米晶表面溶解和再沉积。最后，形成中空球结构。

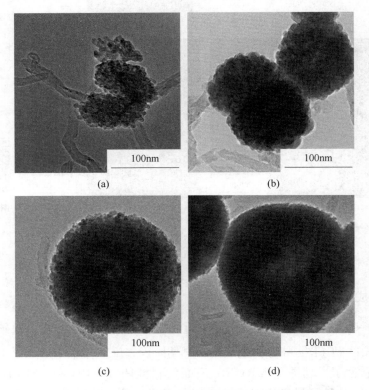

图4-10 HS-Fe_3O_4/MWCNTs前驱体在不同反应时间的TEM图
(a) 1h；(b) 6h；(c) 12h；(d) 24h

4.3.3 电化学行为

一维导电多壁纳米碳管穿插在中空球Fe_3O_4中的独特结构使得HS-Fe_3O_4/MWCNTs复合材料在作为超级电容器负极材料中展现出巨大的应用潜力。恒电流充放电测试是测量电极材料比电容的一种可靠方法。图4-12(a)和(b)为不同电流密度（1~20A/g）下HS-Fe_3O_4/MWCNTs和纯Fe_3O_4电极的恒流充放电曲线。

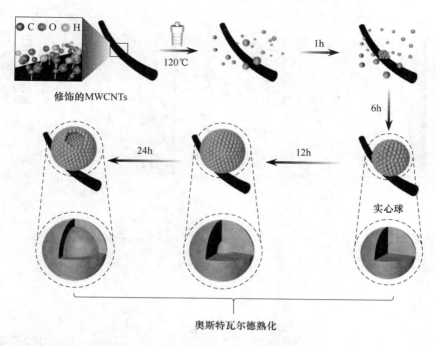

图 4-11 HS-Fe$_3$O$_4$/MWCNTs 中空结构在不同反应时间的形态演化图

为了避免析氢反应的发生，采用的电势窗口为 −1 ~ 0V。从 HS-Fe$_3$O$_4$/MWCNTs 和纯 Fe$_3$O$_4$ 电极的恒流充放电曲线（图 4-12(c)）可以看出，恒流充放电曲线呈现一个近似等腰三角形的形状，揭示两个电极材料的理想电容特性。HS-Fe$_3$O$_4$/MWCNTs 电极在电流密度为 1A/g、2A/g、3A/g、5A/g、10A/g、15A/g、20A/g 条件下的比电容分别为 235.7F/g、220F/g、212.1F/g、193.5F/g、185.8F/g、172.9F/g 和 161.9F/g。与纯 Fe$_3$O$_4$ 电极相比，HS-Fe$_3$O$_4$/MWCNTs 电极在相同电流密度下展现出了更长的放电时间，说明具有更高的比电容。在电流密度为 1A/g 的条件下，HS-Fe$_3$O$_4$/MWCNTs 电极的比电容（235.7F/g）大约是纯 Fe$_3$O$_4$ 电极比电容（78.3F/g）的 3 倍。值得注意的是，HS-Fe$_3$O$_4$/MWCNTs 电极展现了优异的倍率性能，在电流密度为 20A/g 的条件下比电容为 161.9F/g。

图 4-13 为 HS-Fe$_3$O$_4$/MWCNTs 电极和纯 Fe$_3$O$_4$ 电极的比电容和电流密度关系图。通过公式 $C = I\Delta t/m\Delta V$ 计算电极材料的比电容。式中，I 为放电电流；Δt 为放电时间；m 为在单个电极中活性物质的质量；ΔV 为电压。根据放电曲线，推导出比电容与电流密度的关系如图 4-13 所示。对于 HS-Fe$_3$O$_4$/MWCNTs 电极，双电层电容和法拉第赝电容的结合，使得该电极放电时间更长，这是由于法拉第过程电荷转移伴随着双电层充电过程。随着电流密度的增加 HS-Fe$_3$O$_4$/MWCNTs 电极和纯 Fe$_3$O$_4$ 电极的比电容逐渐减小，这个原因可以归结为在高电流密度下，电

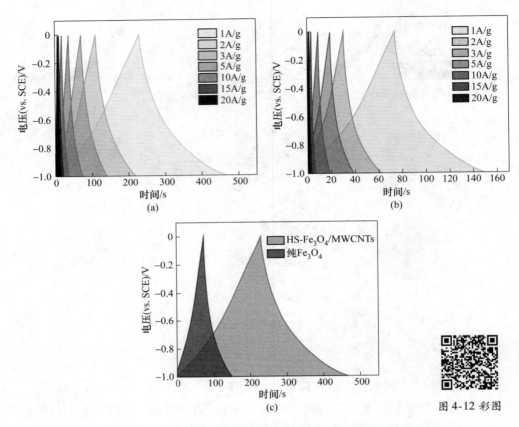

图 4-12 HS-Fe$_3$O$_4$/MWCNTs 电极和纯 Fe$_3$O$_4$ 电极的电化学性能

(a) HS-Fe$_3$O$_4$/MWCNTs 电极在不同电流密度下的恒电流充放电曲线;

(b) 纯 Fe$_3$O$_4$ 电极在不同电流密度下的恒电流充放电曲线;

(c) HS-Fe$_3$O$_4$/MWCNTs 电极和纯 Fe$_3$O$_4$ 电极在

电流密度为 1A/g 时的恒电流充放电曲线

解液离子不能在电极表面充分反应。相比于纯 Fe$_3$O$_4$ 电极,HS-Fe$_3$O$_4$/MWCNTs 电极在同样高电流密度条件下的比电容退化率明显降低。HS-Fe$_3$O$_4$/MWCNTs 电极在 1A/g 时比电容高达 235.7F/g。即使在 20A/g 的高电流密度下,复合材料的比电容仍然高达 161.9F/g,为在 1A/g 条件下的 68.7%。相比之下,纯 Fe$_3$O$_4$ 电极的比电容要小得多,为 33.1F/g,在电流密度为 20A/g 只有在 1A/g 电流密度下 42.3% 保持率。将导电多壁碳纳米管和中空球 Fe$_3$O$_4$ 整合到独特的结构中,可以明显改善电化学性能。

循环伏安分析是研究电极材料电化学行为的一种通用的技术。图 4-14(a)、(b) 为 HS-Fe$_3$O$_4$/MWCNTs 电极和纯 Fe$_3$O$_4$ 电极在 3mol/L KOH 水溶液电解质中不

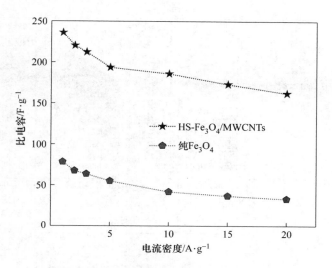

图 4-13　HS-Fe$_3$O$_4$/MWCNTs 电极和纯 Fe$_3$O$_4$ 电极的
比电容和电流密度关系图

同扫描速率下的 CV 曲线。通过 CV 曲线上的准矩形响应电流可以证实 HS-Fe$_3$O$_4$/MWCNTs 电极和纯 Fe$_3$O$_4$ 电极具有良好的可逆性。两个电极均表现出明显的赝电容特性，这可以归因于 Fe^{3+}/Fe^{2+} 的氧化还原反应。图 4-14(c) 比较了 100mV/s 下 HS-Fe$_3$O$_4$/MWCNTs 电极和纯 Fe$_3$O$_4$ 电极的循环伏安（CV）曲线。纯 Fe$_3$O$_4$ 电极的 CV 曲线与 HS-Fe$_3$O$_4$/MWCNTs 电极的 CV 曲线相似。然而，HS-Fe$_3$O$_4$/MWCNTs 电极的 CV 曲线下面积明显比纯 Fe$_3$O$_4$ 电极大得多，表明中空球 Fe$_3$O$_4$ 和多壁碳纳米管整合的 3D 穿插结构大大提高了赝电容性能。准矩形的曲线进一步表明，HS-Fe$_3$O$_4$/MWCNTs 电极在整个伏安循环内以恒定的速率充放电，碱性阳离子（K$^+$）之间发生了快速的法拉第反应。这种现象可能是由于在充放电过程中导电碳管的引入提高了离子的介电常数和离子的快速扩散。HS-Fe$_3$O$_4$/MWCNTs 电极的 CV 曲线即使在 100mV/s 时也保持着准矩形，这意味着该材料具有理想的电容性能。

为了进一步探究 HS-Fe$_3$O$_4$/MWCNTs 作为电极材料的电化学行为和多壁碳纳米管的加入对电极过程动力学的促进作用，我们对 HS-Fe$_3$O$_4$/MWCNTs 电极和纯 Fe$_3$O$_4$ 电极进行了电化学阻抗谱（EIS）测试，频率范围为 0.01Hz～100kHz，振幅为 5mV（图 4-15）。图中可以看出，HS-Fe$_3$O$_4$/MWCNTs 电极和纯 Fe$_3$O$_4$ 电极的 Nyquist 图在低频率范围内均呈现一条直线，在高频率区域内呈现为一个压低的半圆，说明了典型的电容行为。在高频区域，实轴上的截距表示等效串联电阻（R_s，包括固有电阻的电活性材料，在电活性材料之间的界面接触电阻和集流体

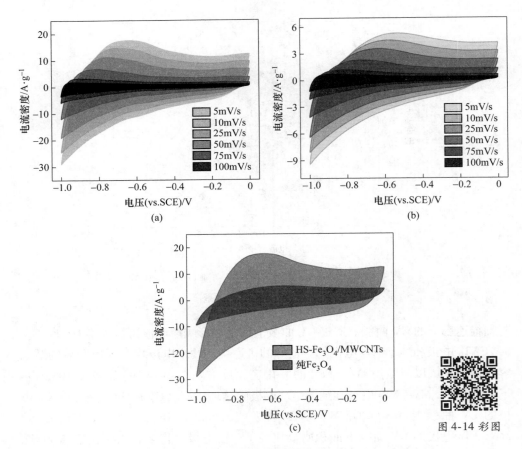

图 4-14　HS-Fe$_3$O$_4$/MWCNTs 电极和纯 Fe$_3$O$_4$ 电极的电化学性能

(a) HS-Fe$_3$O$_4$/MWCNTs 电极在不同扫描速率下的循环伏安曲线；(b) 纯 Fe$_3$O$_4$ 电极在不同扫描速率下的循环伏安曲线；(c) HS-Fe$_3$O$_4$/MWCNTs 电极和纯 Fe$_3$O$_4$ 电极在扫描速率为 100mV/s 时的循环伏安曲线

与电解液的电阻)[189]，而小半圆的直径反映了电荷转移电阻（R_{ct}）。对于理想的超级电容器电极材料来说，交流阻抗图中的低频区域是一条垂直线[188]。与纯 Fe$_3$O$_4$ 相比，HS-Fe$_3$O$_4$/MWCNTs 电极在低频区表现出更加垂直于 X 轴的直线，代表了离子在电解质中的快速扩散和对电极表面的吸附。它有助于电解质离子有效地进入复合电极，从而有助于传递高的赝电容。这一结果暗示 HS-Fe$_3$O$_4$/MWCNTs 电极具有更低的扩散阻抗和电极表面与电解液之间拥有更快的离子扩散。相比纯 Fe$_3$O$_4$（$R_s = 0.68\Omega$），HS-Fe$_3$O$_4$/MWCNTs 电极展现出了一个更小的等效串联电阻（$R_s = 0.582\Omega$），这表明加入多壁纳米碳管可以有效提高 HS-Fe$_3$O$_4$/MWCNTs 电极的电子导电率。电荷转移电阻（R_{ct}）是电极总电阻的主要贡献者，通过图 4-15 可知 HS-Fe$_3$O$_4$/MWCNTs 电极的电荷转移电阻为 2.23Ω，而纯 Fe$_3$O$_4$ 电极的电荷转移电阻为 13.73Ω。较小的电荷转移电阻和等效串联电阻结合在低频区更加倾斜的斜率进一步确认 HS-Fe$_3$O$_4$/MWCNTs 电极具有良好的动力学，同时也再次表明 HS-Fe$_3$O$_4$/MWCNTs 电极在充放电过程中有着良好的倍率性能。

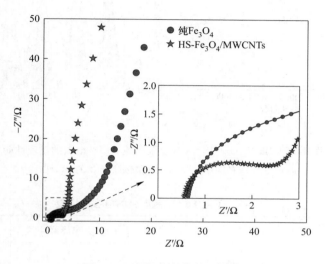

图 4-15　电极的电化学阻抗谱

循环稳定性是衡量超级电容器电极材料实际应用的一个非常重要的参考数据。图 4-16(a)为 HS-Fe$_3$O$_4$/MWCNTs 复合材料电极和纯 Fe$_3$O$_4$ 电极在电流密度为 5A/g 条件下的恒流充放电循环测试，用来检测其作为超级电容器电极的循环性能。HS-Fe$_3$O$_4$/MWCNTs 复合材料电极经过 5000 次循环后比电容保持率达到其初始比电容的 93.3%，容量有轻微的衰减，说明 HS-Fe$_3$O$_4$/MWCNTs 复合材料电极具有优异的倍率性能和良好的循环稳定性。与之相比，纯 Fe$_3$O$_4$ 电极在 5000 次恒流充放电循环后电容保持率只有初始值的 80.6%。上述事实可以推断出在 HS-Fe$_3$O$_4$/MWCNTs 复合材料电极中，高导电的一维多壁碳纳米管的存在和精确导电路径增加了电极的电子和离子电导率，中空球结构避免了重复的充放电程中材料的体积变化，缓冲了机械应力。图 4-16(b)为 5000 次循环稳定性测试的前 5 次循环与后 5 次循环周期的恒流充电/放电曲线，后两个循环与前两个循环相比除时间略有所减少外没有其他的区别，表明 HS-Fe$_3$O$_4$/MWCNTs 复合材料电极在 5000 次长循环充放电实验过程中没有产生明显的结构性变化。上述结果进一步证实了 HS-Fe$_3$O$_4$/MWCNTs 复合材料电极作为超级电容器电极材料比纯 Fe$_3$O$_4$ 电极具有更好的倍率性能。将 HS-Fe$_3$O$_4$/MWCNTs 复合材料电极与之前报道的 Fe$_3$O$_4$ 相关电极进行详细对比，表 4-3 中的对比数据进一步证明了我们合成的超级电容器复合材料电极具有优越的电化学性能。

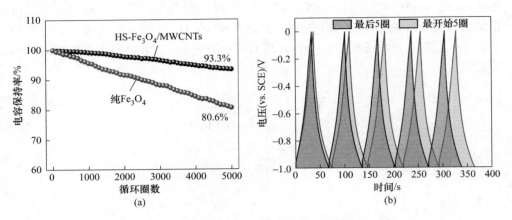

图 4-16　HS-Fe$_3$O$_4$/MWCNTs 电极和纯 Fe$_3$O$_4$ 电极的循环性能
（a）在 5A/g 的循环性能；（b）循环前后 5 次的 GCD 曲线

表 4-3　不同 Fe$_3$O$_4$ 基电极的电容值比较

电极	方法	电解液	电压窗口	比电容
Fe$_3$O$_4$ 纳米粒子	溶胶-凝胶法	3mol/L KOH	-0.9～-0.1V（vs. SCE）	185F/g[190]
Fe$_3$O$_4$ 纳米棒	水热法	1mol/L Na$_2$SO$_4$	-1.0～0V（vs. SCE）	208.6F/g[191]
Fe$_3$O$_4$ 膜	电镀法	1mol/L Na$_2$SO$_4$	-0.8～-0.1V（vs. Ag/AgCl）	170F/g[192]
Fe$_3$O$_4$ 膜	水热法	1mol/L Na$_2$SO$_4$	-1.0～0.1V（vs. SCE）	118.2F/g[193]
Fe$_3$O$_4$ 膜	水热法/喷射沉积法	0.1mol/L Na$_2$SO$_4$	-1.2～0V（vs. SCE）	106F/g[194]
吡咯处理的 Fe$_3$O$_4$ 膜	水热法/喷射沉积法	0.1mol/L Na$_2$SO$_4$	-1.2～0V（vs. SCE）	190F/g[194]
碳包覆 Fe$_3$O$_4$ 纳米棒	水热法	1mol/L Na$_2$SO$_4$	-1.0～0V（vs. SCE）	275.9F/g[191]
Fe$_3$O$_4$/碳复合材料	一步煅烧法	1mol/L KOH	-1～0V（vs. Ag/AgCl）	137F/g[195]

续表4-3

电极	方法	电解液	电压窗口	比电容
Fe_3O_4-碳纳米片	水热法和热处理法	1mol/L Na_2SO_3	$-0.8 \sim -0.2$V (vs. Ag/AgCl)	163.4F/g[196]
碳量子点修饰Fe_3O_4	溶剂热和超声法	1mol/L Na_2SO_3	$0 \sim 1.0$V (vs. SCE)	208F/g[197]
碳纳米管/Fe_3O_4纳米复合物	水热法	6mol/L KOH	$-1.0 \sim 0$V (vs. SCE)	117.2F/g[198]
Fe_3O_4/碳纳米纤维	水热法	3mol/L KOH	$-1.05 \sim -0.35$V (vs. Ag/AgCl)	225F/g[199]
Fe_3O_4/还原氧化石墨烯	水热法	1mol/L KOH	$-1 \sim 0$V (vs. Hg/HgO)	220.1F/g[200]
Fe_3O_4/rGO	葡萄糖辅助溶剂热法	1mol/L KOH	$-1 \sim 0$V (vs. Ag/AgCl)	241F/g[201]
Fe_3O_4/rGO	水热法	1mol/L KOH	$-0.4 \sim 1$V (vs. Ag/AgCl)	286.6F/g[202]
Fe_3O_4/rGO	胶体静电自组装过程	6mol/L KOH	$0 \sim 1.4$V (vs. SCE)	193F/g[203]
$Fe_3O_4@SnO_2$	水热法	1mol/L Na_2SO_3	$-0.7 \sim -0.2$V (vs. Ag/AgCl)	2.7mF/cm²[204]
Fe_3O_4/rGO	改进的一锅溶剂热法	0.5mol/L Na_2SO_4	$-1 \sim 0$V (vs. SCE)	230F/g[205]

4.3.4 不对称电容器的组装以及性能测试

基于HS-Fe_3O_4/MWCNTs电极材料的电化学特性和双电层电容的快速电荷转移特性,以碳布为柔性基底,将所制备的HS-Fe_3O_4/MWCNTs电极作为负极和第3章制备的HHM-(β)Ni(OH)$_2$/MWCNTs电极作为正极,以PVA/KOH作为固态电解质,组装成为HHM-(β)Ni(OH)$_2$/MWCNTs//HS-Fe_3O_4/MWCNTs非对称全固态超级电容器(图4-17)。

图4-18显示了采用三电极在扫描速率为5mV/s的条件下测试HS-Fe_3O_4/MWCNTs复合材料电极和HHM-(β)Ni(OH)$_2$/MWCNTs复合材料电极的循环伏

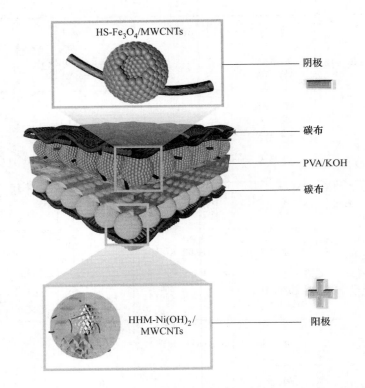

图 4-17　HHM-(β)Ni(OH)$_2$/MWCNTs//HS-Fe$_3$O$_4$/MWCNTs 非对称器件组装示意图

安曲线。HS-Fe$_3$O$_4$/MWCNTs 复合材料电极稳定的电势范围在 -1～0V，而 HHM-(β)Ni(OH)$_2$/MWCNTs 电极的电势范围在 0～0.6V。因此，HHM-(β)Ni(OH)$_2$/MWCNTs//HS-Fe$_3$O$_4$/MWCNTs 全固态非对称超级电容器器件的电化学窗口可以达到 1.6V。正负两极平衡电荷的计算公式为：$q = C \times \Delta V \times m$。HHM-(β)Ni(OH)$_2$/MWCNTs//HS-Fe$_3O_4$/MWCNTs 全固态非对称超级电容器正负两极的质量比可以由以下方程计算：$m^+/m^- = (C_- \times \Delta V_-)/(C_+ \times \Delta V_+)$。基于两个电极在电流密度为 1A/g 时的测试，HHM-(β)Ni(OH)$_2$/MWCNTs 电极与 HS-Fe$_3$O$_4$/MWCNTs 复合材料电极的比电容分别为 1540.8F/g 和 235.7F/g。因此，HHM-(β)Ni(OH)$_2$/MWCNTs 电极与 HS-Fe$_3$O$_4$/MWCNTs 电极的质量比计算为 $m^+/m^- = 1:3.9$。

图 4-19 显示了 HHM-(β)Ni(OH)$_2$/MWCNTs//HS-Fe$_3$O$_4$/MWCNTs 全固态非对称超级电容器在 5～100mV/s 扫描速率下的循环伏安曲线，测试电压范围为 0～1.6V。HHM-(β)Ni(OH)$_2$/MWCNTs//HS-Fe$_3$O$_4$/MWCNTs 全固态非对称超级电容器的 CV 曲线随扫描速率的增大保持良好的形状，表明所组装的全固态非对称超级电容器具有高度可逆性、快速充放电特性和卓越的倍率性能。

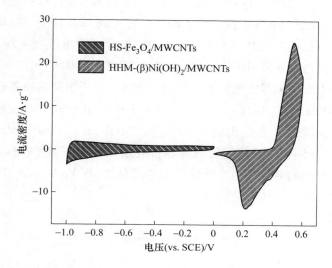

图 4-18　HS-Fe$_3$O$_4$/MWCNTs 电极和 HHM-(β)Ni(OH)$_2$/MWCNTs 电极在扫描速率为 5mV/s 的循环伏安曲线

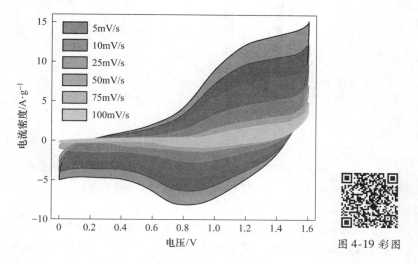

图 4-19　HHM-(β)Ni(OH)$_2$/MWCNTs∥HS-Fe$_3$O$_4$/MWCNTs 在不同扫描速率下的循环伏安曲线

HHM-(β)Ni(OH)$_2$/MWCNTs∥HS-Fe$_3$O$_4$/MWCNTs 全固态非对称电容器在不同电流密度下 (1~20A/g) 的恒电流充电/放电曲线见图 4-20。从图中可以看到，恒电流充电/放电曲线呈现近似等腰三角形，说明 HHM-(β)Ni(OH)$_2$/

MWCNTs//HS-Fe$_3$O$_4$/MWCNTs 全固态非对称电容器具有良好的可逆性。组装的非对称超级电容器设在 1A/g 电流密度下的比电容达到 122.2F/g, 即使在电流密度为 10A/g 条件下比电容仍然达到 84.3F/g。比电容随着电流密度的增大而减小, 这是由于高电流密度导致 HHM-(β)Ni(OH)$_2$/MWCNTs//HS-Fe$_3$O$_4$/MWCNTs 器件的充放电过程不完全。即使电流密度增加到 20A/g, 所组装的设备仍保持较高的比电容 (64.9F/g) (图 4-21), 表明制备的 HHM-(β)Ni(OH)$_2$/MWCNTs//HS-Fe$_3$O$_4$/MWCNTs 器件具有杰出的倍率性能。HHM-(β)Ni(OH)$_2$/MWCNTs//HS-Fe$_3$O$_4$/MWCNTs 全固态非对称超级电容器良好的性能与正极 HHM-(β)Ni(OH)$_2$/MWCNTs 复合材料的分层级中空微球结构的及负极 HS-Fe$_3$O$_4$/MWCNTs 复合材料碳管穿插于中空球间的独特结构有关。

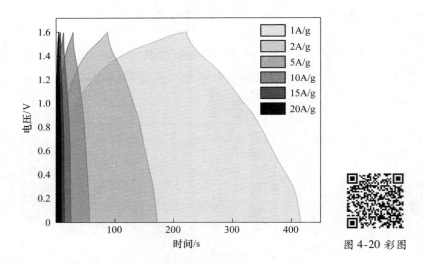

图 4-20　HHM-(β)Ni(OH)$_2$/MWCNTs//HS-Fe$_3$O$_4$/MWCNTs 在不同电流密度下的恒流充放电曲线

图 4-22 显示的是 HHM-(β)Ni(OH)$_2$/MWCNTs//HS-Fe$_3$O$_4$/MWCNTs 全固态非对称超级电容器在电流密度为 10A/g 的条件下经过 1000 次恒流充放电循环的循环寿命测试。经过 1000 次充放电循环测试后, HHM-(β)Ni(OH)$_2$/MWCNTs//HS-Fe$_3$O$_4$/MWCNTs 全固态非对称超级电容器的比电容仍保持在 77.1F/g, 约为首次循环后比电容的 91%, 说明组装的器件具有良好的循环性能。同时, 前 5 个循环周期和最后 5 个循环周期的恒流充放电曲线进一步证实 HHM-(β)Ni(OH)$_2$/MWCNTs//HS-Fe$_3$O$_4$/MWCNTs 非对称超级电容器具有高度可逆的电化学活性。

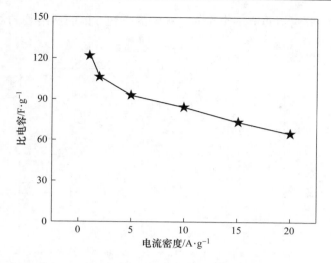

图 4-21　HHM-(β)Ni(OH)$_2$/MWCNTs//HS-Fe$_3$O$_4$/MWCNTs 在不同电流密度下对应的比电容

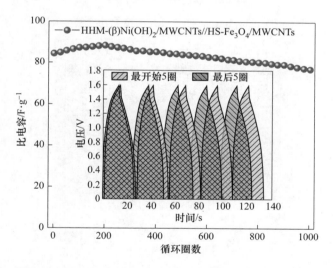

图 4-22　HHM-(β)Ni(OH)$_2$/MWCNTs//HS-Fe$_3$O$_4$/MWCNTs 的循环性能测试

采用 Ragone 图探究能量密度和功率密度之间的关系，进一步评估 HHM-(β)Ni(OH)$_2$/MWCNTs//HS-Fe$_3$O$_4$/MWCNTs 全固态非对称超级电容器的应用价值。器件的能量密度 E（W·h/kg）和功率密度 P（W/kg）通过式（4-3）和式（4-4）计算，值得注意的是，器件在功率密度为 810W/kg 时，能量密度达到 43.5W·h/kg，即便在 18750W/kg 的高功率密度下，能量密度仍然能保持为 23.1W·h/kg（图 4-23）。此外，两个 HHM-(β)Ni(OH)$_2$/MWCNTs//AC 非对称超级电容器的串联可以点亮一个发光二极管的阵列,证明所组装的器件具有高能量存储的应用潜力(图 4-24)。

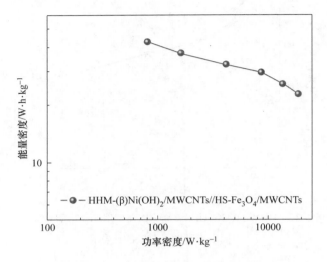

图 4-23　Ragone 图(能量密度与功率密度)

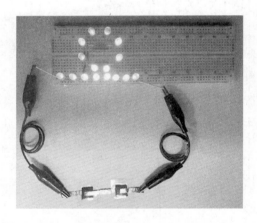

图 4-24　两个 HHM-(β)Ni(OH)$_2$/MWCNTs∥HS-Fe$_3$O$_4$/MWCNTs 串联点亮 LED 灯阵列的数码照片

4.4　结　　论

本章采用与之前完全相同的合成路线,将多壁碳纳米管作为结构和导电载体,直接在多壁碳纳米管上生长中空球 Fe$_3$O$_4$。以碳布作为基底,通过简易集成,组装了三明治结构非对称全固态超级电容器装置。该装置具有高能量、高功率密度和良好的循环稳定性，这是由于正负极独特的中空球结构提供了丰富的活性位点，多壁碳纳米管的加入缩短离子扩散距离的同时提高材料导电性。这项工作不仅可以为 Fe_3O_4 的应用提供有用的信息，而且为电容器负极的开发提供新的策略。

5 总　　结

本书采用功能化多壁碳纳米管诱导的无模板法制备出具有优异的电子、离子传导能力且具有大量法拉第活性位点的金属氧化物及氢氧化物/多壁碳纳米管中空结构复合材料。本书深入跟踪调查了所制备中空结构复合材料的生长过程，系统地探究了中空结构金属氧化物及氢氧化物/多壁碳纳米管复合材料的电荷存储机制，并将制备的复合材料制备成电极对其电化学行为进行分析，最后将制备的复合材料电极组装成不对称器件进一步研究。本书的主要结论归纳为以下几点：

（1）通过调节 MWCNTs 表面官能团密度，采用水热反应后煅烧的方式，首次成功制备出了结构新颖的 HS-CeO_2/MWCNTs 复合材料。功能化 MWCNTs 的加入在成核位点诱导形成中空球结构 CeO_2，同时 MWCNTs 的加入促进 HS-CeO_2/MWCNTs 复合材料的电子转移。新制备的中空球结构具有丰富 Ce^{3+} 和 O_{sur}，可以提供更容易接触的活性位点，显著促进快速扩散和反应。因此，独特的三维穿插结构包含了大量的中空球 CeO_2 和导电碳纳米管，使得 HS-CeO_2/MWCNTs 复合材料具有优异的电荷存储能力。使用新开发的合成方法还成功地合成了中空球二氧化铈/活性炭、中空球二氧化铈/氧化石墨烯。在电流密度为 1A/g 时，比电容能够达到 450F/g，相比于未添加碳管的纯 CeO_2 纳米粒子电极，提升了大约 6 倍。将制备的复合材料与活性炭组装成三明治型全固态非对称器件，经测试，当功率密度为 0.73kW/kg 时，器件能量密度为 26.2W·h/kg，当功率密度为 10600W/kg 时，器件能量密度为 14.9W·h/kg。

（2）通过一步水热反应，成功制备出具有 3D 分层级中空微球结构的 (β)Ni$(OH)_2$/MWCNTs 复合材料。表面功能化的多壁碳纳米管的加入促进分层中空微球结构的形成，同时也促进了所制备复合材料的电子转移。分级空心微球结构内部穿插的多壁碳纳米管增强了材料的力学稳定性，促进了材料的离子和电子传递。因此，新颖的分层级中空微球结构含有丰富的层级孔道与导电多壁碳纳米管的结合使得该复合材料拥有卓越的电荷存储能力。在 1A/g 的电流密度下，比电容达到 1540.8F/g，在 5000 次循环后，依然保持 85.3% 的初始电容值，在 20A/g 时，比电容能达到 905.5F/g。将制备的复合材料与活性炭组装成叠片式不对称器件。器件在功率密度为 800W/kg 时，能量密度达到 40.0W·h/kg，即便在 16000W/kg 的高功率密度下仍然能保持 19.6W·h/kg 的能量密度。

（3）采用同样的功能化多壁碳纳米管诱导策略，成功制备出了适用于超级电容器负极材料的 HS-Fe_3O_4/MWCNTs。通过 XRD、Raman、SEM、TEM、XPS 等测试手段对所制备的复合材料进行表征。并采用水热生长时间跟踪实验对复合材料的形成机制进行调查。并通过电化学分析探究了 HS-Fe_3O_4/MWCNTs 复合材料的储能机制，由于中空球结构四氧化三铁及一维导电碳管的结合使得材料具有优异的导电性、更短的离子扩散路径和更多电化学活性位点而表现出优异的电化学性能，在电流密度为 1A/g 时，所制备材料的比电容达到 235.7F/g，并表现出优异的倍率性能和良好的循环性能。将 HS-Fe_3O_4/MWCNTs 复合材料与 HHM-(β)Ni(OH)$_2$/MWCNTs 组装成三明治型全固态不对称器件。器件在功率密度为 810W/kg 时，能量密度达到 43.5W·h/kg，即便在 18750W/kg 的高功率密度下仍然能保持 23.1W·h/kg 的能量密度。

参 考 文 献

[1] LAI X, HALPERT J E, WANG D. Recent advances in micro-/nano-structured hollow spheres for energy applications: From simple to complex systems [J]. Energy & Environmental Science, 2012, 5: 5604-5618.

[2] SCHWARTZBERG A M, OLSON T Y, TALLEY C E, et al. Synthesis, characterization, and tunable optical properties of hollow gold nanospheres [J]. The Journal of Physical Chemistry B, 2006, 110: 19935-19944.

[3] PARK J C, KIM J, KWON H, et al. Gram-scale synthesis of Cu_2O nanocubes and subsequent oxidation to CuO hollow nanostructures for lithium-ion battery anode materials [J]. Advanced Materials, 2009, 21: 803-807.

[4] SHEN L, YU L, WU H B, et al. Formation of nickel cobalt sulfide ball-in-ball hollow spheres with enhanced electrochemical pseudocapacitive properties [J]. Nature Communications, 2015, 6: 6694-6701.

[5] YU L, XIA B Y, WANG X, et al. General formation of $M-MoS_3$ (M = Co, Ni) hollow structures with enhanced electrocatalytic activity for hydrogen evolution [J]. Advanced Materials, 2016, 28: 92-97.

[6] XU F, TANG Z, HUANG S, et al. Facile synthesis of ultrahigh-surface-area hollow carbon nanospheres for enhanced adsorption and energy storage [J]. Nature Communications, 2015, 6: 7221.

[7] DENG D, KIM M G, LEE J Y, et al. Green energy storage materials: Nanostructured TiO_2 and Sn-based anodes for lithium-ion batteries [J]. Energy & Environmental Science, 2009, 2: 818.

[8] LOU X W, LI C M, ARCHER L A. Designed synthesis of coaxial SnO_2@carbon hollow nanospheres for highly reversible lithium storage [J]. Advanced Materials, 2009, 21: 2536-2539.

[9] CHEN J F, DING H M, WANG J X, et al. Preparation and characterization of porous hollow silica nanoparticles for drug delivery application [J]. Biomaterials, 2004, 25: 723-727.

[10] ZHAO W, CHEN H, LI Y, et al. Uniform rattle-type hollow magnetic mesoporous spheres as drug delivery carriers and their sustained-release property [J]. Advanced Functional Materials, 2008, 18: 2780-2788.

[11] LIAN H Y, HU M, LIU C H, et al. Highly biocompatible, hollow coordination polymemanoparticles as cisplatin carriers for efficient intracellulardrug delivery [J]. Chemical Communications, 2012, 48: 5151-5153.

[12] ZHOU L, ZHUANG Z, ZHAO H, et al. Intricate hollow structures: Controlled synthesis and applications in energy storage and conversion [J]. Advanced Materials, 2017, 29: 1602914.

[13] KROTO H W, HEATH J R, O'BRIEN S C, et al. C60: Buckminsterfullerene [J]. Nature, 1985, 318: 162-163.

[14] CARUSO F, CARUSO R A, MOHWALD H. Nanoengineering of inorganic and hybrid hollow spheres by colloidal templating [J]. Science, 1998, 282: 1111-1114.

[15] GUO C W, CAO Y, XIE S H, et al. Fabrication of mesoporous core-shell structured titania microspheres with hollow interiors [J]. Chemical Communications, 2003: 700-701.

[16] SUN Y, XIA Y. Shape-controlled synthesis of gold and silver nanoparticles [J]. Science, 2002, 298: 2176-2179.

[17] SUN X, LI Y. Ga_2O_3 and GaN semiconductor hollow spheres [J]. Angewandte Chemie International Edition, 2004, 43: 3827-3831.

[18] PENG Q, DONG Y, LI Y. ZnSe Semiconductor hollow microspheres [J]. Angewandte Chemie International Edition, 2003, 42: 3027-3030.

[19] YOON S B, SOHN K, KIM J Y, et al. Fabrication of carbon capsules with hollow macroporous core/mesoporous shell structures [J]. Advanced Materials, 2002, 14: 19-21.

[20] KIM M, SOHN K, NA H B, et al. Synthesis of nanorattles composed of gold nanoparticles encapsulated in mesoporous carbon and polymer shells [J]. Nano Letters, 2002, 2: 1383-1387.

[21] YANG H G, ZENG H C. Preparation of hollow anatase TiO_2 nanospheres via Ostwald ripening [J]. The Journal of Physical Chemistry B, 2004, 108: 3492-3495.

[22] YIN Y, RIOUX R M, ERDONMEZ C K, et al. Formation of hollow nanocrystals through the nanoscale Kirkendall effect [J]. Science, 2004, 304: 711-714.

[23] YANG H G, ZENG H C. Self-construction of hollow SnO_2 Octahedra based on two-dimensional aggregation of nanocrystallites [J]. Angewandte Chemie, 2004, 116: 6056-6059.

[24] PARK S, LIM J H, CHUNG S W, et al. ATP-driven exchange of histone H2AZ variant catalyzed by SWR1 chromatin remodeling complex [J]. Science, 2004, 303: 343-348.

[25] LIU B, ZENG H C. Mesoscale Organization of CuO nanoribbons: Formation of "dandelions" [J]. Journal of the American Chemical Society, 2004, 126: 8124-8125.

[26] MO M, YU J C, ZHANG L, et al. Self-assembly of ZnO nanorods and nanosheets into hollow microhemispheres and microspheres [J]. Advanced Materials, 2005, 17: 756-760.

[27] LAI X Y, HALPERT J E, WANG D. Recent advances in micro-/nano-structured hollow spheres for energy applications: From simple to complex systems [J]. Energy & Environmental Science, 2012, 5: 5604-5618.

[28] CHOI W S, KOO H Y, KIM D Y. Facile fabrication of core-in-shell particles by the slow removal of the core and its use in the encapsulation of metal nanoparticles [J]. Langmuir, 2008, 24: 4633-4636.

[29] TU W, ZHOU Y, LIU Q. Robust hollow spheres consisting of alternating titania nanosheets and graphene nanosheets with high photocatalytic activity for CO_2 conversion into renewable fuels [J]. Advanced Functional Materials, 2012, 22: 1215-1221.

[30] CHEN Y, CHEN H, GUO L, et al. Hollow/rattle-type mesoporous nanostructures by a structural difference-based selective etching strategy [J]. ACS Nano, 2010, 4: 529-539.

[31] HU J, CHEN M, FANG X, et al. Fabrication and application of inorganic hollow spheres [J]. Chemical Society Reviews, 2011, 40: 5472-5491.

[32] PANG M, CAIRNS A J, LIU Y, et al. Synthesis and integration of Fe-soc-MOF cubes into

colloidosomes via a single-step emulsion-based approach [J]. Journal of the American Chemical Society, 2013, 135: 10234-10237.

[33] YANG H G, ZENG H C. Creation of intestine-like interior space for metal-oxide nanostructures with a quasi-reverse emulsion [J]. Angewandte Chemie International Edition, 2004, 43: 5206-5209.

[34] WANG X J, FENG J, BAI Y C, et al. Synthesis, properties, and applications of hollow micro-/nanostructures [J]. Chemical Reviews, 2016, 116: 10983-11060.

[35] FENG J, YIN Y D. Self-templating approaches to hollow nanostructures [J]. Advanced Materials, 2018: 1802349.

[36] LOU X W, WANG Y, YUAN C L, et al. Template-free synthesis of SnO_2 hollow nanostructures with high lithium storage capacity [J]. Advanced Materials, 2006, 18: 2325-2329.

[37] YU J G, GUO H T, DAVIS S A, et al. Fabrication of hollow inorganic microspheres by chemically induced self-trans-formation [J]. Advanced Functional Materials, 2006, 16: 2035-2041.

[38] YU H G, YU J G, LIU S W, et al. Template-free hydrothermal synthesis of CuO/Cu_2O composite hollow micro-spheres [J]. Chemistry of Materials, 2007, 19: 4327-4334.

[39] YU J G, YU H G, GUO H T, et al. Spontaneous formation of a tungsten trioxide sphere-in-shell superstructure by chemically induced self-transformation [J]. Small, 2008, 4: 87-91.

[40] SUN Y, ZUO X, SANKARANARAYANAN S, et al. Quantitative 3D evolution of colloidal nanoparticle oxidation in solution [J]. Science, 2017, 356: 303-307.

[41] GUO H, HE Y, WANG Y, et al. Morphology-controlled synthesis of cage-bell Pd@CeO_2 structured nanoparticle aggregates as catalysts for the low-temperature oxidation of CO [J]. Journal of Materials Chemistry A, 2013, 1: 7494-7499.

[42] GUAN B Y, YU X Y, WU H B, et al. Complex nanostructures from materials based on metal-organic frameworks for electrochemical energy storage and conversion [J]. Advanced Materials, 2017, 29: 1703614.

[43] ZHANG Z C, CHEN Y F, XU X B, et al. Well-defined metal-organic framework hollow nanocages [J]. Angewandte Chemie International Edition, 2014, 53: 429-433.

[44] HUO J L, WANG L, IRRAN E, et al. Hollow ferrocenyl coordination polymer microspheres with micropores in shells prepared by ostwald ripening [J]. Angewandte Chemie International Edition, 2010, 49: 9237-9241.

[45] KANDAMBETH S, VENKATESH V, SHINDE D B, et al. Self-templated chemically stable hollow spherical covalent organic framework [J]. Nature Communications, 2015, 6: 6786-6796.

[46] LIU B, ZENG H C. Fabrication of ZnO "Dandelions" via a modified Kirkendall process [J]. Journal of the American Chemical Society, 2004, 126: 16744-16746.

[47] ZHANG Q, ZHANG T, GE J, et al. Permeable silica shell through surface-protected etching [J]. Nano Letters, 2008, 8: 2867-2871.

[48] YANG N, PANG F, GE J. One-pot and general synthesis of crystalline mesoporous metal oxides

nanoparticles by protective etching: potential materials for catalytic applications [J]. Journal of Materials Chemistry A, 2015, 3: 1133-1141.

[49] WONG Y J, ZHU L, TEO W S, et al. Revisiting the Stöber method: Inhomogeneity in silica shells [J]. Journal of the American Chemical Society, 2011, 133: 11422-11425.

[50] HU M, BELIK A A, IMURA M, et al. Tailored design of multiple nanoarchitectures in metal-cyanide hybrid coordination polymers [J]. Journal of the American Chemical Society, 2013, 135: 384-391.

[51] LIU W, HUANG J, YANG Q, et al. Multi-shelled hollow metal-organic frameworks [J]. Angewandte Chemie International Edition, 2017, 56: 5512-5516.

[52] KIM D, PARK J, AN K, et al. Synthesis of hollow iron nanoframes [J]. Journal of the American Chemical Society, 2007, 129: 5812-5813.

[53] YAN C, XUE D. Electroless deposition of aligned ZnO taper-tubes in a strong acidic medium [J]. Electrochemistry Communications, 2007, 9: 1247-1251.

[54] SUN Y, MAYERS B T, XIA Y. Template-engaged replacement reaction: A one-step approach to the large-scale synthesis of metal nanostructures with hollow interiors [J]. Nano Letters, 2002, 2: 481-485.

[55] OH M H, YU T, YU S H, et al. Galvanic replacement reactions in metal oxide nanocrystals [J]. Science, 2013, 340: 964-968.

[56] NOCERA D G. Living healthy on a dying planet [J]. Chemical Society Reviews, 2009, 38: 13-15.

[57] COOK T R, DOGUTAN D K, REECE S Y, et al. Solar energy supply and storage for the legacy and nonlegacy worlds [J]. Chemical Reviews, 2010, 110: 6474-6502.

[58] WANG H, DAI H. Strongly coupled inorganic-nano-carbon hybrid materials for energy storage [J]. Chemical Society Reviews, 2013, 42: 3088-3113.

[59] ZHANG Q, UCHAKER E, CANDELARIA S L, et al. Nanomaterials for energy conversion and storage [J]. Chemical Society Reviews, 2013, 42: 3127-3171.

[60] CHOI N S, CHEN Z, FREUNBERGER S A, et al. Challenges facing lithium batteries and electrical double-layer capacitors [J]. Angewandte Chemie International Edition, 2012, 51: 9994-10024.

[61] BEGUIN F, PRESSER V, BALDUCC A, et al. Carbons and electrolytes for advanced supercapacitors [J]. Advanced Materials, 2014, 26: 2219-2251.

[62] WANG F, XIAO S, HOU Y, et al. Electrode materials for aqueous asymmetric supercapacitors [J]. RSC Advances, 2013, 3: 13059-13084.

[63] KHOMENKO V, RAYMUNDO-PINERO E, FRACKOWIAK E, et al. High-voltage asymmetric supercapacitors operating in aqueous electrolyte [J]. Applied Physics A: Materials Science & Processing, 2006, 82: 567-573.

[64] SHAO Y L, EL-KADY M F, SUN J Y, et al. Design and mechanisms of asymmetric supercapacitors [J]. Chemical Reviews, 2018, 118: 9233-9280.

[65] YOU B, YANG J, SUN Y Q, et al. Easy synthesis of hollow core, bimodal mesoporous shell

carbon nanospheres and their application in supercapacitor [J]. Chemical Communications, 2011, 47: 12364-12366.

[66] XU F, TANG Z W, HUANG S Q, et al. Facile synthesis of ultrahigh-surface-area hollow carbon nanospheres for enhanced adsorption and energy storage [J]. Nature Communications, 2015, 6: 7221.

[67] TANG X H, LIU Z H, ZHANG C X, et al. Synthesis and capacitive property of hierarchical hollow manganese oxide nanospheres with large specific surface area [J]. Journal of Power Sources, 2009, 193: 939-943.

[68] XIAO W, XIA H, FUH J Y H, et al. Growth of single-crystal alpha-MnO_2 nanotubes prepared by a hydrothermal route and their electrochemical properties [J]. Journal of Power Sources, 2009, 193: 935-938.

[69] MOON G D, JOO J B, DAHL M, et al. Nitridation and layered assembly of hollow TiO_2 shells for electrochemical energy storage [J]. Advanced Functional Materials, 2014, 24: 848-856.

[70] CAO C Y, GUO W, CUI Z M, et al. Microwave-assisted gas/liquid interfacial synthesis of flowerlike NiO hollow nanosphere precursors and their application as supercapacitor electrodes [J]. Journal of Materials Chemistry, 2011, 21: 3204-3209.

[71] CHEN Y M, LI Z, LOU X W. General formation of $M_xCo_{3-x}S_4$ (M = Ni, Mn, Zn) hollow tubular structures for hybrid supercapacitors [J]. Angewandte Chemie International Edition, 2015, 54: 10521-10524.

[72] PENG S J, LI L L, TAN H T, et al. Hollow nanospheres constructed by CoS_2 nanosheets with a nitrogen-doped-carbon coating for energy-storage and photocatalysis [J]. Advanced Functional Materials, 2014, 24: 2212-2220.

[73] WANG J Y, CUI Y, WANG D. Design of hollow nanostructures for energy storage, conversion and production [J]. Advanced Materials, 2018: 1801993.

[74] XIAO M, WANG Z L, LYU M Q, et al. Hollow nanostructures for photocatalysis: Advantages and challenges [J]. Advanced Materials, 2018: 1801369.

[75] ZHOU L, ZHUANG Z C, ZHAO H H, et al. Intricate hollow structures: Controlled synthesis and applications in energy storage and conversion [J]. Advanced Materials, 2017, 29: 1602914.

[76] SUN Y, ZUO X, SANKARANARAYANAN S, et al. Quantitative 3D evolution of colloidal nanoparticle oxidation in solution [J]. Science, 2017, 356: 303-307.

[77] WANG X J, FENG J, BAI Y C, et al. Synthesis, properties, and applications of hollow micro-/nanostructures [J]. Chemical Reviews, 2016, 116: 10983-11060.

[78] CHNE G Z, ROSEI F, MA D L, et al. Template engaged synthesis of hollow ceria-based composites [J]. Nanoscale, 2015, 7: 5578-5591.

[79] WANG H Q, JIANG H X, KUANG L, et al. Synthesis of highly dispersed MnO_x-CeO_2 nanospheres by surfactant-assisted supercritical anti-solvent (SAS) technique: The important role of the surfactant [J]. Journal of Supercritical Fluids, 2014, 92: 84-92.

[80] LIU X F, YANG H X, HAN L, et al. Mesoporous-shelled CeO_2 hollow nanospheres synthesized

by a one-pot hydrothermal route and their catalytic performance [J]. CrystEngComm, 2013, 15: 7769-7775.

[81] YOON K, YANG Y, LU P, et al. A highly reactive and sinter-resistant catalytic system based on platinum nanoparticles embedded in the inner surfaces of CeO_2 hollow fibers [J]. Angewandte Chemie, 2012, 124: 1-5.

[82] CAI Z, XU L, YAN M, et al. Manganese oxide/carbon yolk-shell nanorod anodes for high capacity lithium batteries [J]. Nano Letters, 2015, 15: 738-744.

[83] SUN Y G, PIAO J Y, HU L L, et al. Controlling the reaction of nanoparticles for hollow metal oxide nanostructures [J]. Journal of the American Chemical Society, 2018, 140: 9070-9073.

[84] BIN D S, CHI Z X, LI Y, et al. Controlling the compositional chemistry in single nanoparticles for functional hollow carbon nanospheres [J]. Journal of the American Chemical Society, 2017, 139: 13492-13498.

[85] YIN Y, RIOUX R M, ERDONMEZ C K, et al. Formation of hollow nanocrystals through the nanoscale Kirkendall effect [J]. Science, 2004, 304: 711-714.

[86] CHEN T, ZHANG Z, CHENG B, et al. Self-templated formation of interlaced carbon nanotubes threaded hollow Co_3S_4 nanoboxes for high-rate and heat-resistant lithium-sulfur batteries [J]. Journal of the American Chemical Society, 2017, 139: 12710-12715.

[87] LI B, ZENG H C. Architecture and preparation of hollow catalytic devices [J]. Advanced Materials, 2018: 1801104.

[88] FENG J, YIN Y D. Self-templating approaches to hollow nanostructures [J]. Advanced Materials, 2018: 1802349.

[89] WANG Z M, YU R B. Hollow micro/nanostructured ceria-based materials: Synthetic strategies and versatile applications [J]. Advanced Materials, 2018: 1800592.

[90] DONG L B, XU C J, LI Y, et al. Breathable and wearable energy storage based on highly flexible paper electrodes [J]. Advanced Materials, 2016, 28: 9313-9319.

[91] CAO X M, HAN Z B. Hollow core-shell ZnO@ZIF-8 on carbon cloth for flexible supercapacitors with ultrahigh areal capacitance [J]. Chemical Communications, 2019, 55: 1746-1749.

[92] XIONG H, DING D, CHEN D C, et al. Three-dimensional ultrathin $Ni(OH)_2$ nanosheets grown on nickel foam for high-performance supercapacitors [J]. Nano Energy, 2015, 11: 154-161.

[93] GENG P G, ZHENG S S, TANG H, et al. Transition metal sulfides based on graphene for electrochemical energy storage [J]. Advanced Energy Materials, 2018, 8: 1703259.

[94] WANG K, WU H P, MENG Y N, et al. Conducting polymer nanowire arrays for high performance supercapacitors [J]. Small, 2014, 10: 14-31.

[95] BARO M, NAYAK P, BABY T T, et al. Green approach for the large-scale synthesis of metal/metal oxidenanoparticle decorated multiwalled carbon nanotubes [J]. Journal of Materials Chemistry A, 2013, 1: 482-486.

[96] KIM M J, SU Y Q, FUKUOKA A, et al. Aerobic oxidation of 5-(hydroxymethyl) furfural cyclic

acetal enables selective furan-2,5-dicarboxylic acid formation with CeO_2-supported gold catalyst [J]. Angewandte Chemie International Edition, 2018, 57: 8235-8239.

[97] SRIVASTAVA M, DAS A K, KHANRA P, et al. Characterizations of in situ grown ceria nanoparticles on reduced graphene oxide as a catalyst for the electrooxidation of hydrazine [J]. Journal of Materials Chemistry A, 2013, 1: 9792-9801.

[98] RAJENDRAN R, SHRESTHA L K, MINAMI K, et al. Dimensionally integrated nanoarchitectonics for a novel composite from 0D, 1D, and 2D nanomaterials: RGO/CNT/CeO_2 ternary nanocomposites with electrochemical performance [J]. Journal of Materials Chemistry A, 2014, 2: 18480-18487.

[99] HIURA H, EBBESEN T W, TANIGAKI K. Opening and purification of carbon nanotubes in high yields [J]. Advanced Materials, 1995, 7: 275-276.

[100] OKPALUGO T I T, PAPAKONSTANTINOU P, MURPHY H, et al. High resolution XPS characterization of chemical functionalised MWCNTs and SWCNTs [J]. Carbon, 2005, 43: 153-161.

[101] LI W, FENG X L, ZHANG Z, et al. A Controllable surface etching strategy for well-defined spiny yolk@shell CuO@CeO_2 cubes and their catalytic performance boost [J]. Advanced Functional Materials, 2018: 1802559.

[102] XU H J, CAO J, SHAN C F, et al. MOF-derived hollow CoS decorated with CeO_x nanoparticles for boosting oxygen evolution reaction electrocatalysis [J]. Angewandte Chemie International Edition, 2018, 57: 8654-8658.

[103] SCHWEKE D, MORDEHOVITZ Y, HALABI M, et al. Defect chemistry of oxides for energy applications [J]. Advanced Materials, 2018, 30: 1706300.

[104] NOORI A, EI-KADY M F, RAHMANIFAR M S, et al. Towards establishing standard performance metrics for batteries, supercapacitors and beyond [J]. Chemical Society Reviews, 2019, 48: 1272-1341.

[105] WANG Y C, GUO X, LIU J H, et al. CeO_2 nanoparticles/graphene nanocomposite-based high performance supercapacitor [J]. Dalton Transactions, 2011, 40: 6388-6391.

[106] DEZFULI A S, GANJALI M R, NADERI H R, et al. A high performance supercapacitor based on a ceria/graphene nanocomposite synthesized by a facile sonochemical method [J]. RSC Advances, 2015, 5: 46050-46058.

[107] ARUL N S, MANGALARAJ D, RAMACH ANDRAN R, et al. Fabrication of CeO_2/Fe_2O_3 composite nanospindles for enhanced visible light driven photocatalysts and supercapacitor electrodes [J]. Journal of Materials Chemistry A, 2015, 3: 15248-15258.

[108] ARAVINDA L S, BHAT K U, BHAT B R. Nano CeO_2/activated carbon based composite electrodes for high performance supercapacitor [J]. Materials Letters, 2013, 112: 158-161.

[109] JI Z Y, SHEN X P, ZHOU H, et al. Facile synthesis of reduced graphene oxide/CeO_2 nanocomposites and their application in supercapacitors [J]. Ceramics International, 2015, 41: 8710-8716.

[110] WANG X, WANG T M, LIU D, et al. Synthesis and electrochemical performance of CeO_2/

PPy nanocomposites: Interfacial effect [J]. Industrial & Engineering Chemistry Research, 2016, 55: 866-874.

[111] AMAECHI I C, NWANYA A C, OBI D, et al. Structural characterization and electrochemical properties of cerium-vanadium (Ce-V) mixed oxide films synthesized by chemical route [J]. Ceramics International, 2016, 42: 3518-3524.

[112] PRASANNA K, SANTHOSHKUMAR P, JO Y N, et al. Highly porous CeO_2 nanostructures prepared via combustion synthesis for supercapacitor applications [J]. Applied Surface Science, 2018, 449: 454-460.

[113] SARAVANAN T, SHANMUGAM M, ANANDAN P, et al. Facile synthesis of graphene-CeO_2 nanocomposites with enhanced electrochemical properties for supercapacitors [J]. Dalton Transactions, 2015, 44: 990-998.

[114] ZENG G J, CHEN Y, CHEN L, et al. Hierarchical cerium oxide derived from metal-organic frameworks for high performance supercapacitor electrodes [J]. Electrochimica Acta, 2016, 22: 773-780.

[115] DENG D Y, CHEN N, XIAO X C, et al. Electrochemical performance of CeO_2 nanoparticle-decorated graphene oxide as an electrode material for supercapacitor [J]. Ionics, 2017, 23: 121-129.

[116] PADMANATHAN N, SELLADURAI S. Electrochemical capacitance of porous NiO-CeO_2 binary oxide synthesized via sol-gel technique for supercapacitor [J]. Ionics, 2014, 20: 409-420.

[117] ZHANG H H, GU J N, TONG J, et al. Hierarchical porous MnO_2/CeO_2 with high performance for supercapacitor electrodes [J]. Chemical Engineering Journal, 2016, 286: 139-149.

[118] JEYARANJAN A, SAKTHIVEL T S, MOLINARI M, et al. Seal, morphology and crystal planes effects on supercapacitance of CeO_2 nanostructures: Electrochemical and molecular dynamics studies [J]. Particle & Particle Systems Characterization, 2018, 35: 1800176.

[119] GE H, CUI L X, ZHANG B, et al. Ag quantum dots promoted $Li_4Ti_5O_{12}/TiO_2$ nanosheets with ultrahigh reversible capacity and super rate performance for power lithium-ion batteries [J]. Journal of Materials Chemistry A, 2016, 4: 16886-16895.

[120] GE H, CUI L X, SUN Z J, et al. Unique $Li_4Ti_5O_{12}/TiO_2$ multilayer arrays with advanced surface lithium storage capability [J]. Journal of Materials Chemistry A, 2018, 6: 22053-22061.

[121] WANG B, XIE Y, LIU T, et al. $LiFePO_4$ quantum-dots composite synthesized by a general microreactor strategy for ultra-high-rate lithium ion batteries [J]. Nano Energy, 2017, 42: 363-372.

[122] SHAO Y L, EL-KADY M F, SUN J Y, et al. Design and mechanisms of asymmetric supercapacitors [J]. Chemical Reviews. , 2018, 118: 9233-9280.

[123] CHAO D L, LIANG P, CHEN Z, et al. Pseudocapacitive Na-ion storage boosts high rate and areal capacity of self-branched 2D layered metal chalcogenide nanoarrays [J]. ACS Nano,

2016, 10: 10211-10219.

[124] LI P P, JIN Z Y, XIAO D. A phytic acid etched Ni/Fe nanostructure based flexible network as a high-performance wearable hybrid energy storage device [J]. Journal of Materials Chemistry A, 2017, 5: 3274-3283.

[125] WANG J, POLLEUX J, LIM J, et al. Pseudocapacitive contributions to electrochemical energy storage in TiO_2 (Anatase) nanoparticles [J]. The Journal of Physical Chemistry C, 2007, 111: 14925-14931.

[126] CAO X M, SUN Z J, ZHAO S Y, et al. MOF-derived sponge-like hierarchical porous carbon for flexible all-solid-state supercapacitors [J]. Materials Chemistry Frontiers, 2018, 2: 1692-1699.

[127] GUO D, LOU Y Z, Yu X Z, et al. High performance $NiMoO_4$ nanowires supported on carbon cloth as advanced electrodes for symmetric supercapacitors [J]. Nano Energy, 2014, 8: 174-182.

[128] SIMON P, GOGOTSI Y. Materials for electrochemical capacitors [J]. Nature Materials, 2008, 7: 845-854.

[129] MILLER J R, SIMON P. High electrochemical capacitors for energy management [J]. Science, 2008, 321: 651-652.

[130] CHEN L Y, HOU Y, KANG J L, et al. Toward the theoretical capacitance of RuO_2 reinforced by highly conductive nanoporous gold [J]. Advanced Energy Materials, 2013, 3: 851-856.

[131] DONG L B, XU C J, LI Y, et al. Breathable and wearable energy storage based on highly flexible paper electrodes [J]. Advanced Materials, 2016, 28: 9313-9318.

[132] TANG Q Q, WANG W Q, WANG G C. The perfect matching between low-cost Fe_2O_3 nanowires anode and NiO nanoflakes cathode significantly enhances the energy density of asymmetric supercapacitors [J]. Journal of Materials Chemistry A, 2015, 3: 6662-6669.

[133] ZHENG Y C, LI Z Q, XU J, et al. Multi-channeled hierarchical porous carbon incorporated Co_3O_4 nanopillar arrays as 3D binder-free electrode for high performance supercapacitors [J]. Nano Energy, 2016, 20: 94-107.

[134] SUN W P, RU X H, ULAGANATHAN M, et al. Few-layered $Ni(OH)_2$ nanosheets for high-performance supercapacitors [J]. Journal of Power Sources, 2015, 295: 323-328.

[135] YANG X J, ZHAO L J, LIAN J S. Arrays of hierarchical nickel sulfides/MoS_2 nanosheets supported on carbon nanotubes backbone as advanced anode materials for asymmetric supercapacitor [J]. Journal of Power Sources, 2017, 343: 373-382.

[136] ZHANG Q F, XU C M, LU B G. Super-long life supercapacitors based on the construction of Ni foam/graphene/Co_3S_4 composite film hybrid electrodes [J]. Electrochimica Acta, 2014, 132: 180-185.

[137] MENG Q F, CAI K F, CHEN Y X, et al. Research progress on conducting polymer based supercapacitor electrode materials [J]. Nano Energy, 2017, 36: 268-285.

[138] LI Q, LU C X, XIAO D J, et al. β-$Ni(OH)_2$ nanosheet arrays grown on biomass-derived hollow carbon microtube for high-performance asymmetric supercapacitor [J]. ChemElectroChem,

2018, 5: 1279-1287.
[139] BERNARD M C, BERNARD P, KEDDAM M, et al. Characterisation of new nickel hydroxides during the transformation of α Ni(OH)$_2$ to β Ni(OH)$_2$ by ageing [J]. Electrochimica Acta, 1996, 41: 91-93.
[140] QI J, LAI X Y, WANG J Y, et al. Multi-shelled hollow micro-/nanostructures [J]. Chemical Society Reviews, 2015, 44: 6749-6773.
[141] WANG J Y, TANG H J, REN H, et al. pH-regulated synthesis of multi-shelled manganese oxide hollow microspheres as supercapacitor electrodes using carbonaceous microspheres as templates [J]. Advanced Science, 2014, 1: 1719-1724.
[142] LIU T, ZHANG L Y, CHENG B, et al. Fabrication of a hierarchical NiO/C hollow sphere composite and its enhanced supercapacitor performance [J]. Chemical Communications, 2018, 54: 3731-3734.
[143] CARUSO F, CARUSO R A, MOHWALD H. Nanoengineering of inorganic and hybrid hollow spheres by colloidal templating [J]. Science, 1998, 282: 1111-1114.
[144] MENG J S, NIU C J, XU H L, et al. General oriented formation of carbon nanotubes from metal-organic frameworks [J]. Journal of the American Chemical Society, 2017, 139: 8212-8221.
[145] XU H L, WANG W Z. Template synthesis of multishelled Cu$_2$O hollow spheres with a single-crystalline shell wall [J]. Angewandte Chemie International Edition, 2007, 46: 1489-1492.
[146] WANG Q, XU J, ZHANG W, et al. Research progress on vanadium-based cathode materials for sodium ion batteries [J]. Journal of Materials Chemistry A, 2018, 6: 8815-8838.
[147] WANG Y F, CHEN B W, ZHANG Y, et al. ZIF-8@MWCNT-derived carbon composite as electrode of high performance for supercapacitor [J]. Electrochimica Acta, 2016, 213: 260-269.
[148] TANG W, HOU Y Y, WANG X J, et al. A hybrid of MnO$_2$ nanowires and MWCNTs as cathode of excellent rate capability for supercapacitors [J]. Journal of Power Sources, 2012, 197: 330-333.
[149] ZHANG X J, HE P, ZHANG X Q, et al. Manganese hexacyanoferrate/multi-walled carbon nanotubes nanocomposite: Facile synthesis, characterization and application to high performance supercapacitors [J]. Electrochimica Acta, 2018, 276: 92-101.
[150] LI Y H, LI Q Y, WANG H Q, et al. Synthesis and electrochemical properties of nickel-manganese oxide on MWCNTs/CFP substrate as a supercapacitor electrode [J]. Applied Energy, 2015, 153: 78-86.
[151] SALEHI M, SHARIATINIA Z. Synthesis of star-like MnO$_2$-CeO$_2$/CNT composite as an efficient cathode catalyst applied in lithium-oxygen batteries [J]. Electrochimica Acta, 2016, 222: 821-829.
[152] CHO E C, JIANG C W C, LEE K C, et al. Ternary composite based on homogeneous Ni(OH)$_2$ on graphene with Ag nanoparticles as nanospacers for efficient supercapacitor [J]. Chemical Engineering Journal, 2018, 334: 2058-2067.

[153] WANG W C, ZHANG N, SHI Z Y, et al. Preparation of Ni-Al layered double hydroxide hollow microspheres for supercapacitor electrode [J]. Chemical Engineering Journal, 2018, 338: 55-61.

[154] SICHUMSAENG T, CHANLEK N, MAENSIRI S. Effect of various electrolytes on the electrochemical properties of Ni(OH)$_2$ nanostructures [J]. Applied Surface Science, 2018, 446: 177-186.

[155] SU Y Z, XIAO K, LI N, et al. Amorphous Ni(OH)$_2$@three-dimensional Ni core-shell nanostructures for high capacitance pseudocapacitors and asymmetric supercapacitors [J]. Journal of Materials Chemistry A, 2014, 2: 13845-13853.

[156] BIESINGER M C, LAU L W M, GERSON A R, et al. The role of the auger parameter in XPS studies of nickel metal, halides and oxides [J]. Physical Chemistry Chemical Physics, 2012, 14: 2434-2442.

[157] SALUNKEHA R R, LIN J J, MALGRAS V. Large-scale synthesis of coaxial carbon nanotube/Ni(OH)$_2$ composites for asymmetric supercapacitor application [J]. Nano Energy, 2015, 11: 211-218.

[158] XIONG X H, DING D, CHEN D C, et al. Three-dimensional ultrathin Ni(OH)$_2$ nanosheets grown on nickel foam for highperformance supercapacitors [J]. Nano Energy, 2015, 11: 154-161.

[159] SUN W P, RUI X H, ULAGANATHAN M, et al. Few-layered Ni(OH)$_2$ nanosheets for high-performance supercapacitors [J]. Journal of Power Sources, 2015, 295: 323-328.

[160] LUO Y, Li Y G, WANG D X, et al. Hierarchical α-Ni(OH)$_2$ grown on CNTs as a promising supercapacitor electrode [J]. Journal of Alloys and Compounds, 2018, 743: 1-10.

[161] WANG D W, GUAN B, LI Y. Morphology-controlled synthesis of hierarchical mesoporous α-Ni(OH)$_2$ microspheres for high-performance asymmetric supercapacitors [J]. Journal of Alloys and Compounds, 2018, 737: 238-247.

[162] YUAN J, FAN Z J, SUN W, et al. Advanced asymmetric supercapacitors based on Ni(OH)$_2$/graphene and porous graphene electrodes with high energy density [J]. Advanced Materials, 2012, 22: 2632-2641.

[163] MAO Y, LI T, GUO C, et al. Cycling stability of ultrafine β-Ni(OH)$_2$ nanosheets for high capacity energy storage device via a multilayer nickel foam electrode [J]. Electrochimica Acta, 2016, 211: 45-51.

[164] ZHANG Y, ZHAO Y, AN W D, et al. Heteroelement Y-doped α-Ni(OH)$_2$ nanosheets with excellent pseudocapacitive performance [J]. Journal of Materials Chemistry A, 2017, 5: 10039-10047.

[165] TANG Z, TANG C H, GONG H. A high energy density asymmetric supercapacitor from nano-architectured Ni(OH)$_2$/Carbon nanotube electrodes [J]. Advanced Functional Materials, 2012, 22: 1272-1278.

[166] LIU S D, LEE S C, PATIL U, et al. Hierarchical MnCo-layered double hydroxides@Ni(OH)$_2$ core-shell heterostructures as advanced electrodes for supercapacitors [J]. Journal of Materials

Chemistry A, 2017, 5: 1043-1049.

[167] DONG B, LI M, CHEN S, et al. Formation of g-C_3N_4@Ni(OH)$_2$ honeycomb nanostructure and asymmetric supercapacitor with high energy and power density [J]. ACS Applied Materials & Interfaces, 2017, 9: 17890-17896.

[168] SIMON P, GOGOTSI Y. Materials for electrochemical capcacitors [J]. Nature Materials, 2008, 7: 845-854.

[169] MA X W, LIU J W, LIANG Y C, et al. A facile phase transformation method for the preparation of 3D flower-like β-Ni(OH)$_2$/GO/CNTs composite with excellent supercapacitor performance [J]. Journal of Materials Chemistry A, 2014, 2: 12692-12696.

[170] WANG R T, YAN X B, LANG J W, et al. A hybrid supercapacitor based on flower-like Co(OH)$_2$ and urchin-like VN electrode materials [J]. Journal of Materials Chemistry A, 2014, 2: 12724-12732.

[171] HWANG J Y, EI-KADY M F, LI M, et al. Boosting the capacitance and voltage of aqueous supercapacitors via redox charge contribution from both electrode and electrolyte [J]. Nano Today, 2017, 15: 15-25.

[172] OWUSU K A, QU L, LI J, et al. Low-crystalline iron oxide hydroxide nanoparticle anode for high-performance supercapacitors [J]. Nature Communications, 2017, 8: 14264.

[173] ZHANG L L, ZHAO X. Carbon-based materials as supercapacitor electrodes [J]. Chemical Society Reviews, 2009, 38: 2520-2531.

[174] ZHI M, XIANG C, LI J, et al. Nanostructured carbon-metal oxide composite electrodes for supercapacitors: a review [J]. Nanoscale, 2013, 5: 72-88.

[175] WANG Q, YAN J, FAN Z. Carbon materials for high volumetric performance supercapacitors: design, progress, challenges and opportunities [J]. Energy & Environmental Science, 2016, 9: 729-762.

[176] STAAF L, LUNDGREN P, ENOKSSON P. Present and future supercapacitor carbon electrode materials for improved energy storage used in intelligent wireless sensor systems [J]. Nano Energy, 2014, 9: 128-141.

[177] NITHYA V D, ARUL N S. Progress and development of Fe_3O_4 electrodes for supercapacitors [J]. Journal of Materials Chemistry A, 2016, 4: 10767.

[178] GUAN C, LIU J, WANG Y, et al. Iron oxide-decorated carbon for supercapacitor anodes with ultrahigh energy density and outstanding cycling stability [J]. ACS Nano, 2015, 9: 5198-5207.

[179] LI J, LU W, YAN Y, et al. High performance solid-state flexible supercapacitor based on Fe_3O_4/carbon nanotube/polyaniline ternary films [J]. Journal of Materials Chemistry A, 2017, 5: 11271-11277.

[180] SUN Z, CAI X, SONG Y, et al. Electrochemical deposition of honeycomb magnetite on partially exfoliated graphite as anode for capacitive applications [J]. Journal of Power Sources, 2017, 359: 57-63.

[181] LIU M, SUN J. In situ growth of monodisperse Fe_3O_4 nanoparticles on graphene as flexible

paper for supercapacitor [J]. Journal of Materials Chemistry A, 2014, 2: 12068-12074.

[182] LI F, CHEN H, LIU X Y, et al. Low-cost high-performance asymmetric supercapacitors based on Co_2AlO_4@MnO_2 nanosheets and Fe_3O_4 nanoflakes [J]. Journal of Materials Chemistry A, 2016, 4: 2096-2104.

[183] LI X, ZHENG L, HE G. Fe_3O_4 doped double-shelled hollow carbon spheres with hierarchical pore network for durable high-performance supercapacitor [J]. Carbon, 2016, 99: 514-522.

[184] XING W, QIAO S Z, DING R G, et al. Superior electric double layer capacitors using ordered mesoporous carbons [J]. Carbon, 2006, 44: 216-224.

[185] LIU J P, JIANG J, CHENG C W, et al. Co_3O_4 nanowire@MnO_2 ultrathin nanosheet core/shell arrays: A new class of high-performance pseudocapacitive materials [J]. Advanced Materials, 2011, 23: 2076-2081.

[186] TANG H, CHEN H, HUANG Z P, et al. High dispersion and electrocatalytic properties of platinum on well-aligned carbon nanotube arrays [J]. Carbon, 2004, 42: 191-197.

[187] NETHRAVATHI C, RAJAMATHI C R, RAJAMATHI M, et al. Synthesis and thermoelectric behaviour of copper telluride nanosheets [J]. Journal of Materials Chemistry A, 2014, 2: 985-990.

[188] FU C P, MAHADEVEGOWDA A, GRANT P S. Fe_3O_4/carbon nanofibres with necklace architecture for enhanced electrochemical energy storage [J]. Journal of Materials Chemistry A, 2015, 3: 14245-14253.

[189] LIN J H, LIANG H Y, JIA H N, et al. In situ encapsulated Fe_3O_4 nanosheet arrays with graphene layers as an anode for high-performance asymmetric supercapacitors [J]. Journal of Materials Chemistry A, 2017, 5: 24594-24601.

[190] MITCHELL E, GUPTA R K, DARKWA K M, et al. Facile synthesis and morphogenesis of superparamagnetic iron oxide nanoparticles for high-performance supercapacitor applications [J]. New Journal of Chemistry, 2014, 38: 4344-4350.

[191] LIU J, LIU S, ZHUANG S, et al. Synthesis of carbon-coated Fe_3O_4 nanorods as electrode material for supercapacitor [J]. Ionics, 2013, 19: 1255-1261.

[192] WANG S Y, HO K C, KUO S L, et al. Investigation on capacitance mechanisms of Fe_3O_4 electrochemical capacitors [J]. Journal of the Electrochemical Society, 2006, 153: 75-80.

[193] CHEN J, HUANG K, LIU S. Hydrothermal preparation of octadecahedron Fe_3O_4 thin film for use in an electrochemical supercapacitor [J]. Electrochimica Acta, 2009, 55: 1-5.

[194] ZHAO X, JOHNSTON C, CROSSLEY A, et al. Printable magnetite and pyrrole treated magnetite based electrodes for supercapacitors [J]. Journal of Materials Chemistry, 2010, 20: 7637-7644.

[195] MENG W, CHEN W, ZHAO L, et al. Porous Fe_3O_4/carbon composite electrode material prepared from metal-organic framework template and effect of temperature on its capacitance [J]. Nano Energy, 2014, 8: 133-140.

[196] LIU D, WANG X, WANG X, et al. Ultrathin nanoporous Fe_3O_4-carbon nanosheets with enhanced supercapacitor performance [J]. Journal of Materials Chemistry A, 2013, 1:

1952-1955.

[197] BHATTACHARYA K, DEB P S. Hybrid nanostructured C-dot decorated Fe_3O_4 electrode materials for superior electrochemical energy storage performance [J]. Dalton Transactions, 2015, 44: 9221-9229.

[198] GUAN D, GAO Z, YANG W, et al. Hydrothermal synthesis of carbon nanotube/cubic Fe_3O_4 nanocomposite for enhanced performance supercapacitor electrode material [J]. Materials Science and Engineering: B, 2013, 178: 736-743.

[199] FU C, MAHADEVEGOWDA A, GRANT P S. Fe_3O_4/carbon nanofibres with necklace architecture for enhanced electrochemical energy storage [J]. Journal of Materials Chemistry A, 2015, 3: 14245-14253.

[200] WANG Q, JIAO L, DU H, et al. Fe_3O_4 nanoparticles grown on graphene as advanced electrode materials for supercapacitors [J]. Journal of Power Sources, 2014, 245: 101-106.

[201] LI L, GAO P, GAI S, et al. Ultra small and highly dispersed Fe_3O_4 nanoparticles anchored on reduced graphene for supercapacitor application [J]. Electrochimica Acta, 2016, 190: 566-573.

[202] ULLAH W, ANWAR A W, MAJEED A, et al. Cost-effective and facile development of Fe_3O_4-reduced graphene oxide electrodes for supercapacitors [J]. Materials Technology, 2015, 30: 145-150.

[203] YAN F, DING J, LIU Y, et al. Fabrication of magnetic irregular hexagonal-Fe_3O_4 sheets/reduced graphene oxide composite for supercapacitors [J]. Synthetic Metals, 2015, 209: 473-479.

[204] LI R, REN X, ZHANG F, et al. Synthesis of $Fe_3O_4@SnO_2$ core-shell nanorod film and its application as a thin-film supercapacitor electrode [J]. Chemical Communications, 2012, 48: 5010-5012.

[205] LU K, LI D, GAO X, et al. An advanced aqueous sodium-ion supercapacitor with a manganous hexacyanoferrate cathode and a Fe_3O_4/rGO anode [J]. Journal of Materials Chemistry A, 2014, 2: 985-990.